U0056402

名店主廚
咖哩料理
教科書

瑞昇文化

CONTENTS

調製咖哩的
香料知識和
烹調技巧

受到大眾喜愛的咖哩，現在幾乎可說是「國民食物」。每個家庭或每家店的味道和吃法都不同，變化豐富是它的一大魅力。在這裡，將著重咖哩起源的印度咖哩，以基本知識為主，從調製咖哩時的必需品「香料」的觀點，一面以基本咖哩為例，一面廣泛介紹咖哩的調製技巧。來，就讓我們一窺深奧的香料世界吧。

監修・料理製作：渡邊 玲《Sazan香料》主宰　資料協力：S＆B食品株式會社

渡邊 玲（Watanabe Akira）
咖哩＆香料傳道士。主辦料理工作室「Sazan香料」。在東京都內的老印度料理店修業後，一面往返於日本和印度之間，一面繼續傳播香料原產地的飲食文化。除了擔任電視、雜誌、商店企畫、書籍執筆外，還從事商品開發等多項活動。日本辛香料研究會正式會員。

香料的形狀和香味的關係

香料主要是靠加熱來提取香味，即使是相同種類的香料，因原狀和粉狀等形狀的不同，提引香味的方法和使用的時機點都不同。了解其不同之處，才能適材適所分別運用原狀和粉狀香料，最大程度活用它們的香味、味道、辣味和色澤，調配出香味更濃郁的正統風味。

香料的形狀 × 加熱 → 香味的變化

原狀

植物的種實、花蕾、樹皮、葉、根等，以原有的形狀直接乾燥而成的原狀香料。

粉狀

粉碎原狀成為粉狀。

香味

| 不易散發 | ←— 長 時間加熱 —→ | 易散發 |
| 不易呈現 | ←— 短 時間加熱 —→ | 易呈現 |

▼特徵
原狀香料大多是植物的種實、樹皮、葉、根等直接乾燥而成，因香味成分儲藏在內部，直接接觸空氣的部分少。和粉狀香料比起來，原狀香料的香味等成分較慢散失，即使經過較久時間香味也不易散失。加熱時也較慢散出香味。

▼使用方法
●原狀香料大多在開始烹調時加入，讓香味直接釋入油中作為基底香料（Starter spice），以及最後作為調味（Tempering；又稱Tarka）的香料使用。
●也適合加入泡菜、醃漬菜等的醃漬液中，製作耐保存的醃漬食品等。
●如芥末籽般的小顆原狀香料，不只能增添香味，還能成為料理的口感重點。

▼特徵
粉狀香料是用原狀香料磨製而成，因儲藏香味成分的細胞組織已被破壞，香味容易擴散，比原狀香料的香味濃。加熱後短時間內就會散發出香味，因接觸空氣的表面積大、揮發性強，香味很快就會散失，不可過度加熱。從食材烹調前的處理，到完成時增加風味皆可運用。

▼使用方法
●粉狀香料顆粒細，加熱後比原狀香料容易焦，大多在烹調過程中才加入。
●粉狀香料容易和食材充分融合，肉、魚類墊底味時，或食材事前處理時使用，具有消除肉腥味的作用。
●和粉狀香料具有共通的作用，也能用來增加醬汁或湯品的濃度。

香料的作用和功效

調製咖哩時，香料最重要的作用是「添香」。以此為基本，再加上「加味」、「增色」和「加辣」3種作用，各種香料交織出咖哩難以言喻的複雜風味。

作用 1 添香

「添加香味」是香料最重要的作用，雖然每種香料的香味各有不同的個性與強弱，但香味是所有香料都具備的要素。香料中所含的香味，是一種稱為精油（Essential oils）的揮發性成分，儲存在植物的組織、細胞中。透過碾磨、敲拍、撕碎、加熱等刺激植物的細胞，破壞其組織後，香料會散發出鮮濃的香味。了解香料這樣的特性後，能夠更有效地提引出它的香味。

具代表性的香料

孜然　　　芫荽　　　小荳蔻　　　丁香

作用 2 加味

咖哩中的基本味道，大部分是由香料、香味蔬菜和鹽等混合而成。這裡所說的香料的加味作用，並非指醬油、味噌般的明快味道，而是指更纖細、精緻的美味。香料是構成咖哩風味的重要元素之一。

代表性香料

孜然　　　芫荽

作用 3 增色

香料具有染色作用，能增添咖哩般的黃或紅色的色澤。香料的色素成分有脂溶性和水溶性之分，重點是依特性來烹調。例如即使同為黃色，薑黃的色素為脂溶性，適合用油加熱；而番紅花的色素為水溶性，適合泡水使用。

代表性香料

薑黃　　　番紅花

紅椒粉

作用 4 加辣

辣味是咖哩的一大魅力，具有增進食欲、提引料理風味的作用。雖然以「辣味」一詞統稱，但辣味又有灼熱的熱辣味、強烈刺激的刺辣味及嗆鼻的嗆辣味等各種特色。最好了解各種香料的辣味特徵後靈活運用。

代表性香料

卡宴辣椒粉　　　紅辣椒

黑胡椒

綜合深奧的味道

主要香料的作用

基本的香料		香味	味道	顏色	辣味
孜然	繖形科	★★★	★★★	☆☆☆	☆☆☆
芫荽	繖形科	★★★	★★★	☆☆☆	☆☆☆
薑黃	薑科	★☆☆	☆☆☆	★★★	☆☆☆
卡宴辣椒粉（Cayenne pepper）	茄科	★☆☆	★☆☆	★★★	☆☆☆

香味為主體的香料		香味	味道	顏色	辣味
小荳蔻	薑科	★★★	☆☆☆	☆☆☆	☆☆☆
肉豆蔻	肉豆蔻科	★★★	☆☆☆	☆☆☆	☆☆☆
肉豆蔻皮	肉豆蔻科	★★★	☆☆☆	☆☆☆	☆☆☆
丁香	桃金孃科	★★★	☆☆☆	☆☆☆	☆☆☆
多香果（Allspice）	桃金孃科	★★★	☆☆☆	☆☆☆	☆☆☆
肉桂	樟科	★★★	☆☆☆	☆☆☆	☆☆☆
咖哩葉	芸香科	★★★	☆☆☆	☆☆☆	☆☆☆
月桂葉	樟科	★★★	☆☆☆	☆☆☆	☆☆☆
大茴香	繖形科	★★★	☆☆☆	☆☆☆	☆☆☆
八角	八角科	★★★	☆☆☆	☆☆☆	☆☆☆
蒔蘿	繖形科	★★★	☆☆☆	☆☆☆	☆☆☆
茴香	繖形科	★★★	☆☆☆	☆☆☆	☆☆☆

香味＋味道的香料		香味	味道	顏色	辣味
葫蘆巴（Trigonella foenum graecum）	豆科	★★★	★☆☆	☆☆☆	☆☆☆
葫蘆巴葉（Kasoori methi leaf）	豆科	★★★	★☆☆	☆☆☆	☆☆☆
藏茴香（Ajowan）	繖形科	★★★	★☆☆	☆☆☆	☆☆☆
阿魏	繖形科	★★★	★☆☆	☆☆☆	☆☆☆
陳皮	芸香科	★★★	★☆☆	☆☆☆	☆☆☆
大蒜	百合科	★★★	★☆☆	☆☆☆	☆☆☆

香味＋辣味的香料		香味	味道	顏色	辣味
紅辣椒	茄科	★☆☆	☆☆☆	☆☆☆	★★★
黑胡椒	胡椒科	★★☆	★☆☆	☆☆☆	★★★
芥末籽（Sinapis alba seed）	十字花科	★★★	★☆☆	☆☆☆	★★★
薑	薑科	★★★	★☆☆	☆☆☆	★★★

香味＋顏色的香料		香味	味道	顏色	辣味
甜椒（Capsicum annuum var. grossum）	茄科	★☆☆	☆☆☆	★★★	☆☆☆
番紅花（Iridaceae）	鳶尾科	★★★	☆☆☆	★★★	☆☆☆

★符號的意涵　★★★＝發揮重要的作用　★★☆＝不是發揮主要的作用
★☆☆＝具有大致的作用　☆☆☆＝無明顯作用，幾乎沒有感覺
※對於香味、味道、顏色、辣味的判斷，每個人的感覺都不同，雖然上表是大致的標準，但請加以參考。

混合&焙炒香料的技巧

香料的混合可說決定咖哩味道的關鍵。在調配咖哩上，它是最值得研究，同時也是最迷人的部分。這裡將介紹混合香料時，需事先了解的有用知識，以及能增進咖哩香味的「焙炒」技巧。

香料的混合技巧

多種香料混合使用比起單獨運用，更具有相乘效果，風味更豐富。但並非胡亂混合，而是依規則混合數種，才能有效率混合、減少失敗。

Step 1　想像自己想調製的味道和香味

儘量具體想像自己想要調製的咖哩味道。例如是受到大眾喜好、味道均衡的咖哩；還是風格特殊、個性鮮明、具衝擊力的獨創風味咖哩……究竟要調配何種風格的咖哩，自己要有明確的想法。若自己沒有清楚的想法，或是混亂調配，咖哩也不會呈現明朗的味道，調製到最後很容易半途而廢。重點是若有疑惑，請回到原點重新開始。

Step 2　認識各種香料的個性

為了混合香料，首先不可或缺的是認識各種香料具有的特徵和個性。混合香料時，不是一口氣直接混合，而是一面意識前文所述的香料作用（增香、增味、增色、增辣），一面考慮味道的平衡來混合，才能減少失敗的情形。

Step 3　試著混合

混合的訣竅
●使用單一香料來凸顯個性。
●混合香料的基本原則是等比例，之後再斟酌的加減調整。
●多種香料混合，能呈現更濃厚的味道。
●香料的種類太多，反而形成雜味造成反效果。
●混合香味類似的香料，能增加圓潤風味。

首先，在前文介紹的香料4大作用的範疇（增香、增味、增色、增辣）下，從以最核心的「香味」為主體的香料中，選出基底的香料。最一般的情況是，以代表咖哩香味的「孜然」、「芫荽」等作為基本香料，運用這些香料能調配出大眾喜好的咖哩風味。其中可以再加上個人喜歡的香料。另外，還可添加顏色和辣味。相對地，若想追求個性風味，不一定要使用這些基本香料，調配出的味道才具有獨創性。

Step 4　提升經驗值

雖說是理所當然，不過即使你已了解數種香料的知識，最重要的還是要實際「試著調製」。累積許多失敗與成功的經驗後，將獲得的很多體會與心得。相對地，若你過去一直只憑感覺調製都失敗的話，先把學得的知識在腦海中做一番整理，想調製的味道應該也會變得明確。另外，建議你在其他店或各種場合中，試著多品嚐自己喜歡的咖哩，或喜愛的菜單等各式各樣的風味。一面經常伸展自己的觸角，一面踏實地不斷累積自己本身的經驗值，是創造更美味、更獨創咖哩風味的捷徑。

焙炒香料的技巧

焙炒香料是提引香料香味，最大程度地活用其原味不可或缺的技巧。這裡，也將介紹與焙炒相關的綜合香料熟成技術。

「焙炒」一詞
造成錯誤的想像

聽到「焙炒」一詞，許多人腦海中最先會想到的，是不是像烘焙咖啡那樣將生豆「烘焙」到變色，以活用其濕香氣的意象呢。

原本「焙炒」是指「乾炒」，但是有許多日本人，將香料的焙炒和咖啡的烘焙混為一談。製作咖哩時焙炒香料，大多是透過短暫加熱，讓香料僅是「蒸發多餘水分」，來達到提引更多香味的最大目標。

香料一旦焙炒到顏色改變，香料味中具有的芳香精油成分因加熱揮發。香料反而會產生多餘的雜味，或煮焦變質成的不佳氣味。這意味著不要被焙炒等於香料要炒到變色才芳香這樣概念所誤導，這點相當重要。

綜合香料是
熟成的還是現磨的較佳？

混合多種香料後靜置讓它熟成，香味會變得圓潤，這稱為「熟成（Aging）效果」。剛開始混雜的香料香味會隨著時間逐漸融合，產生濃厚的風味。經過混合作業的綜合香料，主要多用在重視溫潤風味的歐風咖哩中。「咖哩粉」為其代表。

另一方面，印度咖哩基本上是活用剛磨好的香料香味，所以一般認為使用前才焙炒、碾磨原狀香料較佳。這類型的代表性綜合香料是「瑪薩拉綜合香料」。料理完成時加入，以有效利用香料的新鮮香味。

兩者的手法並非何者較佳，重點是要選擇適合各別目的的方法。

焙炒例① ### 焙炒綜合香料

焙炒時的最大的訣竅是不可炒焦，這點可說所有的綜合香料皆然。在平底鍋中放入香料攤平，一面搖晃鍋子，一面用極小的火焙炒香料至溫熱程度。當香料緩緩飄散出香味後即離火。因餘溫也會繼續加熱，所以要將香料倒入其中容器中稍微散熱，再利用研磨機等研磨成粉狀後使用。而且香料以原狀混合，放在密閉容器中保存，需用時很方便。使用前才焙炒後磨粉，香味更豐盈。

焙炒例② ### 單獨焙炒香料

不只綜合香料，有的香料會單獨焙炒，磨成粉狀用於料理中（圖中是孜然。右圖右側是焙炒前、左側是焙炒後）。焙炒到引出香味程度後碾碎使用。單獨使用的香料比混合香料香味明朗，給人個性鮮明、突出的印象。

焙炒例③ ### 焙炒香料粉

也有充分焙炒的例子。在斯里蘭卡常使用的綜合香料之一，是包含芫荽、孜然、小荳蔻、丁香、肉桂、胡椒、咖哩葉、香林投（Rampe）、生薑和大蒜等，適合肉或魚類的香料，焙炒到上色的粉狀香料。

人氣的瑪薩拉綜合香料研究

在印度語中，「Masala（瑪薩拉）」具有混合、綜合之物的意思，它是指混合好的香料和洋蔥、香料一起拌炒的咖哩底味。這裡，將介紹人氣瑪薩拉綜合香料的主要配方範例。

※以容積比來表示比例。

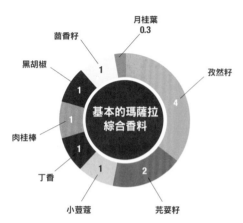

在孜然和芫荽的主味中，加入小荳蔻、丁香、肉桂等香料的甜香味，以及黑胡椒的辣味。這是非常萬用的配方，掌握後非常方便實用。
▼使用範例
●所有北印度料理都可廣泛使用。
●尤其是肉類咖哩、肉類烤肉等，和肉類料理非常對味。
●也能在蔬菜和豆類料理中，但分量不可太多，或不一定要在料理完成時加入，可以和其他香料混合使用，才能有效呈現平衡的風味。

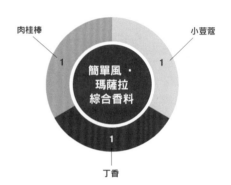

這個瑪薩拉綜合香料的配方，是選擇「小荳蔻」、「丁香」和「肉桂」3種香料作為風味的主軸，以等比例混和，散發濃郁明顯的香甜味。
▼使用範例
●優格為基底的咖哩。
●東印度加爾各答式烤肉串（炭火烤肉串風的印度烤肉）的調底味和最後調味時使用。
●使用簡單香料的家常菜類菜色。

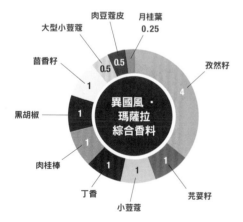

這是加入宮廷料理中常用的肉豆蔻皮、黑荳蔻等，強調高貴、優雅香味，洋溢高級感的瑪薩拉綜合香料。
▼使用範例
●大量使用堅果醬、鮮奶油、優格等的豪華風宮廷料理系咖哩
●窯烤雞肉、烤羊肉串（Seekh Kebab）等炭火窯烤的烤肉
●羊小排、小排骨、羊肚等，略有羶味的個性部位和內臟料理。

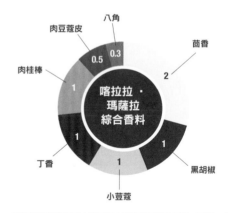

南印度料理雖然不太常用基本的瑪薩拉綜合香料，不過一部分地區也會使用。這裡介紹的特製綜合香料，是適合搭配使用大量椰子的南印度喀拉拉（Kerala）邦具濃厚甜味與厚味的椰子風味咖哩。
▼使用範例
●喀拉拉雞肉咖哩（椰子風味）
●喀拉拉風辣味牛排
●喀拉拉風香料蛋咖哩（香料拌炒水煮蛋）

在印度沒有所謂的「咖哩粉」，大多是配合料理所需混合香料使用。附帶一提，印度的基本綜合香料「瑪薩拉綜合香料」和「咖哩粉」不同，它裡面沒有使用來增色的代表性香料「薑黃」。「咖哩粉」中有加薑黃，而「瑪薩拉綜合香料」中沒有添加。相對於咖哩粉是為了讓料理呈現均衡的色、香、辣味的綜合香料，「瑪薩拉綜合香料」則是為了用增加特殊風味的綜合香料。

綜合香料的配方並不是固定不變，但是像製作日式料理時要先掌握「照燒醬汁」這樣基本料理的醬汁配方才方便一樣，時常製作的咖哩料理，在某程度上有固定配方的瑪薩拉綜合香料粉。掌握此配方後，除了能夠直接運用外，還能以此作為基礎，更方便調配獨創的風味，也容易讓料理呈現更多樣化的風貌。

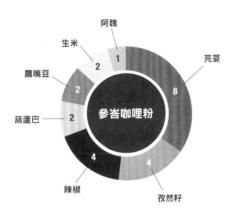

這個瑪薩拉綜合香料，可說是為了最大程度發揮南印度素食料理的代表性咖哩「參峇咖哩」的風味所混製而成。以芫荽的香味為基底，再加入微量的阿魏香味以呈現深厚的風味。這裡的配方中還加入鷹嘴豆仁（分兩半的雪蓮子），能烹調散發獨特芳香、具有適度黏稠與濃郁度的咖哩。
▼使用範例
●參峇咖哩（加蔬菜的豆咖哩）
●參峇咖哩炒秋葵
●參峇咖哩炒飯

南印度料理代表「印度香料湯」的特色是具有酸辣味，這個香料是精選能給予它最大貢獻的2種香料碾磨製成。
▼使用範例
●「胡椒」、「番茄」、「大蒜」、「孜然」、「檸檬」和「薑」等，有各種風味的印度香料粉。正統的印度香料粉中以添加的某食材來命名時，呈現的味道便是該食材的風味。印度香料湯中常用的食材有番茄、大蒜、酸豆、咖哩葉、香菜等。香料有芥末籽、阿魏、辣椒、薑黃、卡宴辣椒粉等。

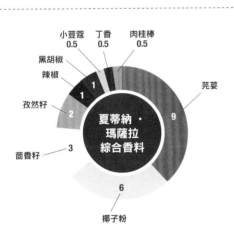

據說這是南印度泰米爾納德邦（Tamil Nadu）的富商階級夏帝亞爾（音譯）創始的料理風格，特色是使用椰子、茴香等香甜味香料，具有強烈的辣味。為了在日本也方便製作，這裡介紹的香料種類比原產地的香料簡單。
▼使用範例
●使用大量香料的肉類和海鮮類的無蔬菜咖哩料理
●夏蒂納雞肉咖哩（辛辣、值得品味）
●夏蒂納炸魚咖哩（撒上瑪薩拉綜合香料的炸白肉魚）
●炒馬鈴薯（香料炒小的新馬鈴薯）

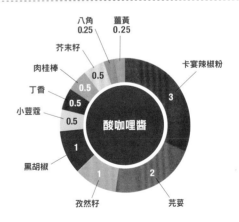

這是簡單就能完成印度西南部果亞（Goa）地區、味道酸辣的著名「酸咖哩（Vindaloo）」美味的綜合香料。酸咖哩是果亞在葡萄牙植民地時期，印度和葡萄牙飲食文化交融所產生的料理之一。它是以香料和醋醃漬肉類後燉煮而成。
▼使用範例
●豬肉酸咖哩
●豬雜咖哩（Sorpotel）（豬腸、胃、肺、心臟、肝臟等豬內臟的燉煮咖哩）。

最大程度活用香料的烹調技巧

香料的香味基本元素是名為精油的揮發性成分，這種成分儲藏在植物的組織和細胞中，組織和細胞一旦受到破壞即會散發出香味。另一項重點是，因精油還具有易溶於油中的特性，所以善用油也能充分散發香味。此外，香料的形和加入的時間點也很重要。了解這些特性後再進行烹調，能製作出香味更豐盈、味道更濃厚的咖哩。這裡，將以實際的基本雞肉咖哩和使用豆子的咖哩為例，為你介紹最大程度活用香料的基本技法。

活用香料的烹調時間點

- ●烹調的事前準備→食材調底味〈粉狀香料〉
- ●開始烹調→最初用油提引出風味。基底香料〈原狀香料〉
- ●烹調途中→和食材一起拌炒加熱，調製基本的味道〈粉狀香料〉
- ●烹調完成→最後增添香味〈粉、香料〉〈原狀香料〉

綠豆仁咖哩

這是代表印度的香料燉煮豆咖哩。
只用豆子和蔬菜製作，風味柔和極富魅力。
和分兩半的小扁豆仁製作的扁豆仁咖哩一起，
在印度當地也會用普通的綠豆仁來製作綠豆仁咖哩。

材料（4人份）

綠豆仁（分兩半的綠豆）——1又1/4杯
大蒜（切粗末）——10g
番茄（切粗末）——50g
青辣椒（切小截）——4條份
香菜的根、莖、葉等（切粗末）——2大匙
鹽——1又1/2小匙
沙拉油——1大匙
奶油（或酥油）——10g
水——適量

〈A〉粉狀香料
┌ 薑黃——1/4小匙
└ 卡宴辣椒粉——1/4小匙

〈B〉原狀香料
┌ 紅辣椒——1根
└ 孜然籽——1小匙

〈C〉粉狀香料
┌ 薑黃——1/4小匙
└ 卡宴辣椒粉——1/4小匙

1 　在鍋裡放入用水洗好的豆仁，倒入比豆仁高約2cm的水，以中大火加熱。

2 　煮沸後轉小火，加入〈A〉的粉狀香料、大蒜、番茄和青辣椒燉煮。

3 　途中，湯汁快要煮乾後，一面加入適量的水，一面煮到能輕鬆壓碎豆子後加鹽（大致基準是約煮沸20分鐘）。最後調整成較稀濃湯的濃稠度。

◁ **Technique 01**

若先加鹽，豆子會緊縮變硬，要花更長的時間熬煮，這點請留意。需豆子煮軟後再加鹽。

4 　準備別的平底鍋，倒入沙拉油，一面放入紅辣椒、孜然籽，一面以較弱的中火加熱，注意勿煮焦。

5 　孜然籽的顏色稍微變深，散出芳香氣味後，將平底鍋的材料連油一起加入鍋裡（隨著咻的聲音冒出新鮮的香味）。

◁ **Technique 02**

最後淋上香味油混拌，這種增加香味的手法稱為「調味（Tempering）」或「Tarka」等。香料的香味釋入油中，在烹調最後加入香料油，是突顯料理濃郁與香味的技法。

6 　加入奶油（或酥油），稍微混拌整體使油融合，用小火煮10分鐘即完成。最後擠入檸檬汁（1/2個份）也很美味。

◁ **Technique 03**

最後另外加入奶油，是因為奶油容易煮焦。

◁ **Technique 04**

香料透過加熱才會散出香味，所以加入後一定要加熱。

北印度雞肉咖哩

這是北印度的伊斯蘭風味咖哩食譜。
烹調訣竅是活用各種香料的形狀和特性，在不同烹調階段分別運用。
優格和充分拌炒的洋蔥的組合也是料理的重點，
特色是具有一般番茄味的雞肉咖哩所沒有的圓潤與濃厚風味。

材料（4人份）

雞腿肉（去皮、切成一口大小）—— 2片份（400～500g）
洋蔥（切片）—— 中1個份
蒜泥—— 10g
薑泥—— 10g
青辣椒（劃切口）—— 2根
香菜（切碎根、莖、葉）—— 2大匙
番茄（1cm小丁）—— 中1個（150g）
（或是切片番茄罐頭 1/2杯）
原味優格—— 1/2杯
水—— 1杯
沙拉油—— 3大匙
〈A〉烹調前準備用香料
　薑黃粉—— 1/8小匙
　卡宴辣椒粉—— 1/2小匙
　瑪薩拉綜合香料—— 1/2小匙
　鹽—— 1/2小匙（醃漬雞肉用）

〈B〉原狀香料
　小荳蔻・丁香—— 各4顆
　肉桂棒—— 3cm
　黑胡椒—— 10粒
　月桂葉—— 1片
　黑荳蔻—— 1顆（若無可省略）

〈C〉粉狀香料
　薑黃粉—— 1/4小匙
　卡宴辣椒粉—— 1/2小匙
　芫荽粉—— 2小匙
　孜然粉—— 1小匙
　鹽—— 1又1/2小匙

〈D〉完成的香料
　　基本的瑪薩拉綜合香料（p10）—— 1小匙

※「黑荳蔻」又稱為棕荳蔻，顧名思義，是一顆大小約2cm的黑色較大型小荳蔻。比一般的綠荳蔻具有更濃郁的香味。

	**1** 在鋼盆中放入切成一口大小的去皮雞腿肉，塗上〈A〉的香料和鹽，靜置15分～1小時使其入味。	◀ **Technique 01** 事先準備的香料 在烹調前的準備階段，肉、魚等上面塗抹的香料，除了有調底味的作用外，還有消除肉腥味的作用。採用方便塗抹融合的粉狀香料。
	**2** 在鍋裡倒入沙拉油加熱，油變熱前加入〈B〉的原狀香料加熱，提引出香味。香料的周圍冒出許多小氣泡，散發芳香的香味後，加入洋蔥用較大的中火拌炒。	◀ **Technique 02** 基底香料 在烹調最初，用油加熱原狀香料，讓充分提引出的香味釋入油中後，再加入食材拌炒以提高風味。這時使用的原狀香料稱為「基底香料」。

3　調整火候，洋蔥拌炒成炸洋蔥般的深褐色，轉小火加入蒜和生薑。散出香味後，再加青辣椒、香菜和番茄稍微混拌。

◂ Technique 03

洋蔥要拌炒到只剩下最初一半的分量。這是形成基本的味道之一，所以別疏忽。但是洋蔥過度拌炒變焦後會產生苦味，這點請留意。

4　接著加入優格後，轉中火煮沸，保持沸騰約煮30秒。

5　再轉小火，加入粉狀香料和鹽。轉稍強的中火，一面攪拌混合，一面煮沸。

6　煮沸後加水。再煮沸後，再煮3分鐘讓香料熟透，至此完成基本的味道。

◂ Technique 04

在此加入香料後，別放入雞肉一起加熱，若在此放入，是造成肉味變淡、有粉末味，味道不融合……等失敗的原因，這點請注意。

7　加入雞肉，用稍大的中火加熱，讓雞肉和醬汁融合。肉的表面熟透後，確認醬汁的量能蓋過肉（若醬汁太少，加入分量外的水調整）。加蓋，以較小的中火約煮10分鐘。

◂ Technique 05

雖然水分不可太少，但也嚴禁加太多。視情況適當調整，這裡加入的基準大約是100cc。這是製作美味咖哩最基本也是最重要的訣竅之一。

8　最後拿掉鍋蓋，稍微增強火力約煮2分鐘後（為了蒸發水分，變得更濃郁），最後加入瑪薩拉綜合香料稍微混拌整體，煮沸一下即完成。確認鹹味後再次調整，完成時撒上香菜。

◂ Technique 06

若無瑪薩拉綜合香料，可用等量、碾碎的小荳蔻和黑胡椒取代也很美味。此外，加入瑪薩拉綜合香料後，加熱煮沸一下，除了增加濃稠度外，同時還能提引出潛藏在香料中的香味。

烹調咖哩的

香料圖鑑

以下將介紹烹調咖哩時所用的香料中，
特別具有代表性的香料。

基本的4大香料

這4種香料是構成一般「咖哩」風味的基本香料。

Spice Name
Cumin

孜然

繖形科 〈原產地〉埃及
孜然這種香料具有的香味與味道
會讓人連想到「咖哩」。雖然不
管形狀或粉狀都能使用，但原狀
香料大多作為提引香味的基底香
料。而粉狀孜然的香味比原狀的
更濃郁，是製作瑪薩拉綜合香料
或咖哩粉等綜合香料粉不可或缺
的原料。一般認為它能促進消化
吸收，有助胃部功能等。

Spice Name
Coriander

芫荽籽

繖形科 〈原產地〉地中海沿岸
芫荽籽是用異國風料理中常見的
芫荽（香菜）的種子乾燥製成。
芫荽籽和香味獨特的葉子不同，
乾燥的種子具有相橘類水果般的
清爽香味，是印度料理中常用的
香料之一。它與孜然並列，是增
加咖哩風味時不可或缺的重要香
料，粉狀多用於綜合香料中；原
狀香料可用油加熱提引香味外，
也能焙炒、粗磨後使用。

Spice Name
Turmeric

薑黃

薑科 〈原產地〉熱帶亞洲
在日本，薑黃以秋薑黃之名為人
所熟知，它與生薑同類是根部乾
燥而成，幾乎都是磨成粉使用。
它的染色力強，具有增加咖哩般
鮮麗黃色的作用。加熱不足的
話，會呈現粉末味，或殘留苦
味，所以最好在烹調前期就加入
料理中。此外它如咖哩般的獨特
香味也頗富魅力，不過少量薑黃
就能充分散發香味，加太多反而
會有土氣味般的藥味，這點請注
意。

Spice Name
Cayenne pepper

卡宴辣椒粉

茄科 〈原產地〉中南美原產
關於卡宴辣椒粉的定義有諸多說
法，不過一般流通的產品，是指
磨成粉狀的莢狀乾燥紅辣椒。它
又被稱為辣椒粉（Chili pepper）、
紅辣椒粉（Red Chili pepper）等。
製作咖哩時，卡宴辣椒粉主要
是是用來添加辣味，增減其分
量可調節辣味。附帶一提，這
種辣椒粉容易和「辣椒粉（Chili
powder）混為一談。這裡的卡宴
辣椒粉，和一般所謂的（綜合）
調味（Seasoning）香料是不同的
產品。

Spice Name
Cardamom

小荳蔻

薑科 〈原產地〉印度
它是完熟前的綠色種實乾燥而成，
又名綠荳蔻。具有柑橘般的清爽香
味和獨特的甜味，混合散發出異
國風的香味，又被稱為「香料女
王」。雖有原狀和粉狀之分，不過
咖哩中大多使用原狀香料。

Spice Name
Mustard

芥末籽

十字花科 〈原產地〉中央～西亞、
中東、地中海沿岸
芥末種子乾燥製成，顏色有黃、
黑、褐3種。在南印度料理中，它主
要是作為基底香料，用油加熱以提
引更濃郁的香味。芥末籽和蔬菜、
豆類也非常對味。它不只芳香，另
一項特徵是嚼起來有顆粒感。

Spice Name
Red pepper

紅辣椒

茄科 〈原產地〉中南美
完熟的辣椒連豆莢一起乾燥而成。
辣椒有非常多的品種，這裡所舉的
是一般所稱的鷹爪辣椒（Gamblea
innovans）。製作咖哩時可用來添加
辣味。大多是連同豆莢用油熱炒，
讓辣味和香味釋入油中後使用。若
去除種子，辣味會變得較溫和。

Spice Name
Black pepper

黑胡椒

胡椒科 〈原產地〉印度
辣味帶有粗獷感，給人刺激又舒暢
的感覺。原狀、粉狀都常被使用。
用在肉類、青背魚、乳製品等濃味
食材中更具效果。是瑪薩拉綜合香
料中不可或缺的香料。附帶一提，
白胡椒是除去黑胡椒表皮的胡椒，
所以香味較柔和。

Spice Name
Paprika

紅椒粉

茄科 〈原產地〉熱帶美國
因為這種紅椒沒有辣味，所以又被
稱為甜椒，特色是具有鮮麗的紅
色，和能感受到甜味的特有香味。
一般作為香料販售的甜椒，和日本
被當作蔬菜的甜椒是不同的品種。
料理中常活用其顏色和風味，被廣
泛運用在肉類的燉煮料理、米或蔬
菜等的料理中。

Spice Name
Clove

丁香

桃金孃科 〈原產地〉摩鹿加群島
別名「丁子香」、「紫丁香」。特
徵是外形如釘子一般，散發刺激的
甜香味，有點像是中藥的香味。它
是生長於熱帶、亞熱帶地區的常綠
樹的花蕾，在開花前摘下乾燥而
成，印度風咖哩中多用原狀丁香，
而歐風咖哩中較常用丁香粉。

Spice Name
Cinnamon

肉桂

樟科 〈原產地〉越南（一說）
樟科的常綠樹的樹皮乾燥而成。代
表品種有「錫蘭肉桂」（圖左）、
「桂皮」（圖右）等。前者的香味
高雅、柔細；後者的香味濃厚，兩
者的特徵都是具有獨特的甜香味。
在咖哩中除了使用綜合香料外，也
常使用原狀肉桂。

Spice Name
Nutmeg

肉豆蔻

肉豆蔻科 〈原產地〉摩鹿加群島
從肉豆蔻的果實中可取2顆香料。
果實的假種皮部分稱為「肉豆蔻
皮」，而種子稱為「仁」的種核部
分即為「肉豆蔻」。它具有消除腥
臭味的效果，不只適合用在羊、牛
等肉類料理中，和蔬菜也很合味。
因香味濃，必須注意使用量。

Spice Name
Dill

蒔蘿

繖形科 〈原產地〉南歐、西亞
蒔蘿的外觀和同樣是繖形科的茴香十分類似，不過作為香料主要是使用乾燥的種子。它的特徵是具有清爽、刺激的濃烈香味與嗆辣的辣味。常作為咖哩粉的原料。在西洋料理中，以作為醃蔬菜用的香料而知名。

Spice Name
Fennel

茴香

繖形科 〈原產地〉地中海沿岸
作為香料使用的是，外形如稻穀般的茴香種子。日本漢字也寫成茴香。特徵是其甜香味有獨特清涼感。具有促進消化、預防口臭等功效，咀嚼後口中會瀰漫具清涼感的辣味。在印度料理店常提供作為消除餐後口氣的香料。

Spice Name
Bay leaf

月桂葉

樟科 〈原產地〉西亞及歐洲
別名甜月桂、月桂樹等。它清爽的香味能調和食材的腥臭味。事實上，在印度常用同屬樟科，但葉片較大的是稱為肉桂葉（Cassia leaf）的其他品種（下圖），它們兩者皆可使用。使用時折斷葉片，較易散發出香味。

Spice Name
Fenugreek

葫蘆巴

豆科 〈原產地〉東南歐及西亞
豆科的植物種子乾燥而成。在印度也稱為「Methi」。它也作為咖哩粉、印度酸甜醬的原料。直接食用味道苦，但油炒後會散發焦糖般的甜香味，能使料理更具厚味。營養價也很高、被當作健康食材而受到注目。

Spice Name
Fenugreek leaf

葫蘆巴葉

豆科 〈原產地〉東南歐及西亞
以胡蘆巴的葉片乾燥而成，是印度料理中常用的香料之一。散發焦糖般的特有甜香味，咖哩中使用少量能增加風味。常用於奶油雞肉咖哩中，不過和蔬菜、豆類也很合味。也稱為雲香草葉。

Spice Name
Curry leaf

咖哩葉

芸香科 〈原產地〉斯里蘭卡、印度
芸香科植物的葉子。具有柑橘類水果的清爽感及芝麻般的香味。日本名為「南洋山椒」。它是南印度和斯里蘭卡料理中，不可或缺的香料葉，在當地是使用新鮮葉子，在日本因為很難購得，所以大多用乾燥或冷凍品替代。和蔬菜、豆類非常對味。

Spice Name
Ajwain

藏茴香

繖形科 〈原產地〉印度
野生的芹菜種子乾燥而成，特徵是具有百里香般的爽快芳香和苦味。也是咖哩粉的原料。除了印度的家常菜中經常使用外，它還具有殺菌、整腸的作用，在消化不良或宿醉時被當作藥材飲用。和豆類料理、番茄和海鮮較對味。

Spice Name
Hing

阿魏

繖形科 〈原產地〉印度
繖形科的植物樹液凝固後磨製的粉狀香料。具有榴槤般的濃烈硫黃味，不過加熱後轉化成甜香味。使用微量，料理味道就很正統。它被視為能夠減輕消化豆類的負擔，還具有促進消化的作用。英語名為Assafoetida。

Spice Name
Mace

肉豆蔻皮

肉豆蔻科〈原產地〉摩鹿加群島、東西印度諸島
切開肉豆蔻樹的果實，會看到鮮麗的紅網狀假
種皮。將這個假種皮乾燥後可作為香料使用。
它和肉豆蔻一樣，能讓人感受到香料的甜香
味和柔和的苦味，不過肉豆蔻皮比肉豆蔻更纖
細，特徵是具有柔和、高雅的香味。

Spice Name
Allspice

多香果

桃金孃科〈原產地〉西印度群島
從多香果的名字，或許會讓人誤解它是綜合香
料，但實際上它只是一種香料。又被稱為「眾
香子」、「牙買加胡椒」等，特徵是具有如混
合肉桂、丁香和肉豆蔻般的濃厚香味。也被用
來作為歐風咖哩的調味。

Spice Name
Star anise

八角

八角科〈原產地〉中國
八角是未熟的果實乾燥後作為香料使用。英語
名為Star anise的八角香味的主成分，和大茴香
籽及茴香籽的主成分有共通性，因此香味類
似，八角外觀上呈具有8個角的星形，所以也
稱為「八角茴香」。和雞肉、豬肉非常合味。

Spice Name
Anise

大茴香

繖形科〈原產地〉地中海東部沿岸、埃及
據說古埃及、希臘已使用茴香，它是世界上歷
史最悠久的香料之一。以種子乾燥而成，特徵
是具有甜甜的香料香味，幾乎沒有辣味。在印
度常被用在咖哩或濃湯等料理中。又被稱為甜
孜然。

Spice Name
Ginger

薑

薑科〈原產地〉熱帶亞洲、印度
薑是兼具舒暢香味與辣味的香料。從新鮮的薑
到乾薑，它以各種狀態被使用。具有多種功能
的生薑在西元前就已被栽種，在印度傳統醫學
阿育吠陀（Ayurveda）上也受到重用。在咖哩
中，薑和其他的香料一起用來調味或增加整體
的香味。

Spice Name
Garlic

蒜

百合科〈原產地〉中亞
自古以來，蒜就是被世界各地廣泛運用在料理
中的香料之一。它具有消除肉、魚腥味的效
果，製作咖哩時，蒜大多用來作為材料的調味
或增加整體的風味，用途十分廣泛。生蒜具有
濃烈的特殊香味和辣味，不過加熱後辣味、香
味都會變得較柔和。

Spice Name
Mandarin

陳皮

芸香科〈原產地〉東亞、日本
陳皮是柑橘果實的外皮部分，在陰涼處乾燥而
成，直接保持原狀或磨成粉當作香料使用。具
有柑橘類特有的柔和、清爽香味。在日本被用
來作為咖哩粉的香料之一。在中醫上也被用來
作為生藥的原料。

Spice Name
Saffron

番紅花

鳶尾科〈原產地〉南歐、西亞
番紅花常用來增加料理的色澤和香味。它是從
番紅花的花朵摘取雌蕊乾燥而成。因加工較費
工夫，以高價香料而聞名。番紅花的色素為水
溶性，較難溶於油中，烹調前最好先泡水，浸
泡出顏色和味道後再使用。

Spice Name
Curry powder

咖哩粉

這是發祥於以印度作為殖民地的英國的綜合香
料。它和瑪薩拉綜合香料的不同點在於，焙炒
過的香料需靜置一定的時間變溫潤後才算完
成。另一項特色是配方中一定具有含黃色色素
的薑黃。在日本也有生產各種風味的咖哩粉。

Spice Name
Garam masala

瑪薩拉綜合香料

它是用於印度料理的綜合香料中最為知名的。
基本的配方以肉桂、丁香和小荳蔻為主，再混
入各種香料製成，配方有無數的變化。烹調完
成時使用，能大幅提升料理的風味。

人氣店‧知名店的
咖哩技術
受注目的食譜與觀念

從近年來備受矚目的南印度、斯里蘭卡風咖哩，到歐風咖哩、東南亞各國的咖哩等，在咖哩市場已臻成熟的日本，至今展現新魅力的咖哩店仍源源不斷登場。此外，鑽研道地風味、獨家口味，提供新的獨創咖哩的店家也與日俱增。

在這些新的人氣咖哩店，及長年顧客川流不息的實力派咖哩店的協助下，本書將其食譜大公開。同時，還將介紹活用香料的點心類、唐多里烤雞，以及適合下酒的單點料理等。

身為製作咖哩的專業料理人，最重要的是提供客人喜愛的咖哩。為了達成這個目標，不能只依賴食譜，從挑選食材、調配味道、烹調工夫到店的經營等，對於如何做出本店的獨家咖哩，不可或缺的是學習觀念與方針。請參考那些名店製作咖哩的想法，希望那些想法對你製作獨家風味的咖哩有所啟發與助益。

關於本書的食譜

●包括料理名稱、材料名稱、分量、使用工具、作法等的標示，都以各店的稱呼、方針為基準。

●料理名稱上未標示價格的料理，是為了本書新開發的試作菜色。此外，為配合本書容易製作的分量，有些食譜是標示調整過的分量。

●食譜中有的料理未標示材料的分量。這些食譜的店主建議「應隨各店主喜好決定味道」、「了解基本後，由此出發多加嘗試，學習發現和應用自己獨門的味道」，關於這點請各位讀者了解。

●書中標示的大匙＝15cc、小匙＝5cc、1杯＝180cc。

●食譜分量中的「適量」「少量」等，適量請調整成為喜好的分量。

●食譜分量中的「全量」，是指使用標示＊號的副食譜的所有完成分量。

●食譜的內容、料理、店家的資訊為2015年7月當時的情形。咖哩製作每天都在不斷改良，依不同季節和條件，配方也會改變，這點請讀者了解。

業主兼主廚
花田 Mubashir Rahim 先生
Rahim先生生於巴基斯坦。他
一方面從事翻譯工作，一方面
於2005年，開設以巴基斯坦旁
遮普（Punjab）省家庭料理為
主的餐廳。由於顧客能愉快地
和精通日語的主廚交談，所以
該店的老顧客絡繹不絕。

將羊肉和羊雜的羶味轉化成香味
善用香料製作的咖哩料理

Rahi Punjabi廚房

Rahi Punjabi　Kitchen

東京・西荻窪

　　該店位於西荻窪的小巷中，一幢雖老舊卻饒富韻味的大樓的2樓。在僅有10席的店內，瀰漫著撩人鄉愁的懷念氛圍。店名「Rahi」，在烏爾都語（Urdu）中是旅人的意思。10年前開幕的該店，提供城裡也很罕見的巴基斯坦旁遮普省的樸素、溫暖料理。由於顧客們能暢快地和也是翻譯者的主廚對話，餐廳的粉絲也與日俱增。

　　2008年時，插畫家安西水丸先生在各媒體上提到該店，該店開始成為眾所周知的西荻窪個性名店。該店的咖哩料理種類豐富、五花八門，包括雞肉、海鮮、蔬菜等，其中最具人氣的是羊肉和羊雜咖哩。使用羊肉、雞胗、羊肚的咖哩有股腥羶味，總讓人敬而遠之，不過主廚烹調的咖哩，能夠活用食材既有的這種羶味，運用香料將其昇華為香味。主廚以高明的香料配方，讓有特殊異味的食材呈現更濃郁的美味，因此該店吸引許多死忠的粉絲。店內也有許多可搭配酒的香料風味下酒菜。

地址／東京都杉並区西荻南3-15-17 2F　TEL／03 3331 7860　營業時間／週二～五17：00～23：00（L.O.22：30）週六・日・節日12：00～15：00
17：00～23：00（L.O.22：30）　例休日／週一　規模／9坪・10席　客單價／2500日圓

苦瓜鑲香料
蔬菜咖哩
980日圓（含稅）

這是夏季限定的咖哩。在苦瓜裡鑲入洋蔥炒香料等餡料，一面煎炸，一面讓香味和風味釋入苦瓜中。主廚的咖哩料理的特色是，充分活用食材的原味來烹調。他將苦味的苦瓜直接和具有淡淡甜味的馬撒拉馬鈴薯組合，讓人同時能享受到不同的味道。提引蔬菜鮮味的酸味中，也可以使用番茄。

作法見下頁 →

● 苦瓜鑲香料　蔬菜咖哩

材料（2人份）

苦瓜鑲香料

苦瓜 —— 1～2根

沙拉油 —— 適量

〈香料A〉

　葫蘆巴籽 —— 1/2大匙

　孜然籽 —— 1/2大匙

　印度藏茴香（Ajowan seed）—— 1/2小匙左右

　芥末籽 —— 1小匙

　黑種草籽（Kalonji seed）—— 將近1/2小匙

　綠荳蔻 —— 3個

　丁香 —— 2個

洋蔥（切粗末）—— 1/2個份

大蒜（切粗末）—— 1片份

生薑（切粗末）—— 1塊份

鹽 —— 1/3小匙

〈香料B〉

　薑黃粉 —— 1小匙左右

　紅椒粉 —— 1小匙

　瑪薩拉綜合香料 —— 1小匙

　卡宴辣椒粉 —— 1小匙

　孜然粉 —— 少量

白醋 —— 適量

瑪薩拉馬鈴薯

馬鈴薯 —— 1～2個

沙拉油 —— 適量

洋蔥（切粗末）—— 約1/2個份

生薑（切粗末）—— 1塊份

大蒜（切粗末）—— 1瓣份

鹽 —— 少量

薑黃粉 —— 1小匙

瑪薩拉綜合香料 —— 1小匙

孜然粉 —— 少量

卡宴辣椒粉 —— 少量

自製瑪薩拉綜合香料 —— 1/2小匙 *1

白醋 —— 適量

完成

韭菜（切末）—— 1/2把份

鹽 —— 適量

卡宴辣椒粉 —— 適量

瑪薩拉綜合香料、自製瑪薩拉綜合香料 —— 各適量

芫荽葉 —— 少量

*1 自製瑪薩拉綜合香料

●材料
黑種草 —— 10g
茴香 —— 30g
孜然 —— 30g
綠荳蔻 —— 30g
丁香 —— 30g

●作法
全使用粉狀香料，分別充分混合。

作法

烹調

1. 苦瓜刮除表皮，縱向畫切口，去除種子和瓜囊。削下的皮保留備用，稍後和填入苦瓜的香料餡混合。

2. 在平底鍋中放入大量沙拉油和所有粗磨的〈香料A〉，用大火一面拌炒，一面攪拌以免煮焦。散出香味後加洋蔥拌炒。也加入大蒜和生薑 。

3. 大蒜和生薑散出香味後，加入1保留的苦瓜皮拌炒 。

4. 待苦瓜皮炒軟後，依序加入鹽和〈香料B〉拌炒，充分炒軟後，加白醋，大致拌炒後即熄火 。

5. 製作瑪薩拉馬鈴薯。馬鈴薯去皮，切成大小約2cm的方塊。

6. 在平底鍋中加熱大量沙拉油，放入洋蔥。用大火拌炒以保留口感，再加生薑、大蒜拌炒。

7. 洋蔥熟透後，加鹽、薑黃粉、瑪薩拉綜合香料和孜然粉拌炒。

8. 為了充分呈現卡宴辣椒粉的香味，比7稍晚加入，再加自製瑪薩拉綜合香料和白醋調味 。

9. 在8中加入馬鈴薯混拌整體，混勻後加蓋用小火燜煮。馬鈴薯熟透後即熄火 。

10. 瑪薩拉馬鈴薯燜煮期間，在1的苦瓜中填入4。從苦瓜的切口中填入4，用棉線綁好。剩餘的4的材料在瑪薩拉馬鈴薯完成時使用 。

11. 在平底鍋中倒入大量沙拉油，放入10的苦瓜，用中火慢慢地煎炸熟透。整體都呈現焦色後熄火，加蓋利用餘溫燜透 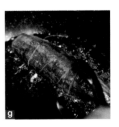。

memo

▼在步驟2中最初用大火拌炒，是為了讓香料充分散發香味，且洋蔥保有口感並散發芳香。

▼在步驟10中，填入太多香料味道會太濃，所以填塞到還有些許縫隙即可（參照圖片）。

▼通常在前一天烹調至步驟11，隔天再進行完成作業。

接續下頁 ➡

完成

12 完成瑪薩拉馬鈴薯。將10中剩餘的4的材料加熱，加韭菜混拌，加鹽、卡宴辣椒粉、瑪薩拉綜合香料調味 。加9的馬鈴薯拌炒 。

13 在容器中盛入拆掉棉線的苦瓜鑲香料和瑪薩拉馬鈴薯 ，放上芫荽葉後提供。

「Rahi Punjabi Kitchen」 使用的香料

（後列左起）葫蘆巴籽、肉桂、黑胡椒、芥末籽、孜然籽、丁香、黑荳蔻、黑種草、茴香、葫蘆巴（葉）、芫荽籽、阿魏、綠荳蔻、印度藏茴香、乾薑

該店在料理中使用多種香料。大部分是使用原狀香料粗磨的粉末，香料粉比原狀香料吃起來更有口感、香味更濃。而且還能根據食材改變香料的配方。

這是完成時調味用的香料類。自左上起分別為孜然粉、薑黃粉、紅椒粉、瑪薩拉綜合香料、卡宴辣椒粉和鹽。

● 羊肉咖哩
作法見下頁 ➞

羊肉咖哩

1000日圓（含稅）

這是用羊腿肉製作的羊肉咖哩。市售的羊肉油脂太多，該店會先仔細去除，這項作業能夠緩和羊肉的羶味，讓人享受到羊肉原本的清爽風味。搭配羊肉咖哩的香料有孜然、葫蘆巴、黑種草等。主廚運用絕妙的香料配方，讓味道腥羶的羊肉變成「美好的香味」。

材料（4人份）

羊肉（絞肉）—— 120～150g

沙拉油 —— 適量

〈香料A〉

⌈ 孜然籽 —— 1/4小匙

　葫蘆巴籽 —— 1/3小匙

　芥末粉 —— 1/2小匙

⌊ 黑種草 —— 少量

鹽 —— 適量

紅椒粉 —— 1/2小匙

薑黃粉 —— 1/2小匙

洋蔥（切粗末）—— 1/2個～1個份

白醋 —— 適量

水 —— 適量

鹽、卡宴辣椒粉、瑪薩拉綜合香料 —— 各適量

薑泥 —— 1/2大匙

蒜泥 —— 1/2大匙

自製瑪薩拉綜合香料 —— 適量（參照P26）

芫荽葉 —— 少量

市售的羊肉因油脂太多，該店會購入大塊腿肉，剔除油脂後再攪碎成絞肉。

作法

烹調

1 在平底鍋中倒入大量沙拉油和〈香料A〉，用大火拌炒 。炒到散發香味後，加鹽、紅椒粉、薑黃粉再拌炒，混勻後加羊絞肉。

2 肉熟透後加洋蔥拌炒 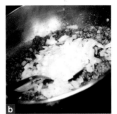。

3 洋蔥炒勻後，加白醋補充酸味，加水稀釋，再加鹽、卡宴辣椒粉、瑪薩拉綜合香料調味。加蓋稍微燜煮 。

4 先去蓋，加薑泥和蒜泥，最後加自製瑪薩拉綜合香料混拌。再次加蓋，用小火約燜煮10～20分鐘即完成 。放入冷藏庫靜置約3天再使用。

供應

收到點單後加熱，放上芫荽葉後供應。

memo

▼在步驟3加白醋增添酸味，能大幅突顯整體風味。巴基斯坦的攤販等會使用生番茄。依個人喜好自行添加。

▼店內實際的一次烹調量約10～20客份。烹調後，放入冷藏庫靜置，讓肉和香料充分融合，使其散發道地羊肉咖哩的芳香。

● 羊肚咖哩

1100日圓（含稅）

羊肚（蜂巢胃）的獨特香味和口感讓人一吃上癮，在該店豐富的咖哩料理中，它是熱門菜之一。該店購買已經過仔細清理的羊肉，再經煮燙去除浮沫雜質。食材事前經過這樣完美處理後，只需備妥材料燉煮即可。基底香料除了有孜然、茴香外，還加入丁香和黑荳蔻，以呈現複雜的香味與風味。

材料（4〜5人份）

羊肚（水煮過）—— 200g

〈香料A〉

孜然籽 —— 1小匙

茴香 —— 1小匙

芥末籽 —— 1小匙

葫蘆巴籽 —— 1小匙

黑種草 —— 1/2小匙

黑胡椒 —— 少量

黑荳蔻 —— 2個

丁香 —— 4個

洋蔥（切粗末）—— 80g

鹽 —— 1小匙

〈香料B〉

紅椒粉 —— 1小匙

薑黃粉 —— 1小匙

瑪薩拉綜合香料 —— 1小匙

孜然粉 —— 1小匙

檸檬汁 —— 1大匙

薑泥 —— 1大匙

蒜泥 —— 1大匙

沙拉油 —— 1大匙

提供使用

洋蔥（切末）—— 80g

鹽 —— 少量

沙拉油

鹽

瑪薩拉綜合香料

孜然粉

紅椒粉

自製瑪薩拉綜合香料

各適量

卡宴辣椒粉 —— 適量

芫荽葉 —— 少量

作法見下頁 ➡

作法

烹調

1　準備清洗乾淨的羊肚，切成約2cm大小的塊狀，用新水煮燙2次，撈除浮沫雜質 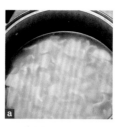。

2　在1的羊肚中加入少量水，加〈香料A〉和洋蔥後加熱。

3　加鹽、〈香料B〉、檸檬汁、薑泥和蒜泥後充分混拌，加蓋用中火燜煮約20～30分鐘。

4　羊肚徹底煮軟後，加沙拉油充分混合後即熄火。若羊肚有釋出油脂的話，減少沙拉油用量 。

5　待稍微變涼後，用塑膠袋分裝成1客份量，急速冷凍備用 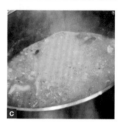。

提供

6　洋蔥中混入鹽備用，放入已加熱沙拉油的平底鍋中。加入已解凍的5的羊肚，一面充分混合，一面拌炒 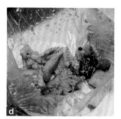。

7　洋蔥熟透後，加鹽、瑪薩拉綜合香料、孜然粉、紅椒粉和自製瑪薩拉綜合香料調味 。

8　依點單所需調整辣味。該店的辣味有小、中、大等級。小辣是只加沙拉油即完成。中、大辣除了加沙拉油外，還加入卡宴辣椒粉增加辣味。加沙拉油後充分拌炒，油脂分離後即完成 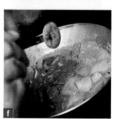。放上芫荽葉後提供。

「Rahi」的下酒菜菜單

下酒菜能配合葡萄酒或啤酒加以變化。
使用的香料約能突顯食材味道的程度。

❶ 蘿蔔咖哩烤餅

600日圓（含稅）
該店的印度烤餅中加入全麥麵粉。「蘿蔔咖哩烤餅」中包入用印度藏茴香和薑黃調味的白蘿蔔泥，與咖哩搭配更適合作為下酒菜。除了具有蕎麥餡餅（Oyaki）般的樸素風味外，白蘿蔔的甜味也會讓人吃上癮。

❷ 羊肉漢堡排

2個600日圓（含稅）
羊絞肉製成漢堡狀煎烤後，裏上蛋汁烤成膨軟的羊肉漢堡。羊肉煎烤過度會變硬。為避免這種情形，絞肉外還裏上一層蛋汁。

❸ 炸蔬菜餅（Pakora）

2個500日圓（含稅）
用水調和鷹嘴豆粉，和洋蔥和馬鈴薯混勻後油炸，猶如小吃感覺的料理。印度藏茴香和瑪薩拉綜合香料的爽快香味，突顯出鷹嘴豆和蔬菜的甜味。也可用個人喜愛的蔬菜製作。

咖哩飯
(使用印度香米（Basmati Rice）)

450日圓（含稅）
這道咖哩飯是用加咖哩的香米和炒洋蔥一起炊煮而成。米飯中添加濃厚的油味和炒蔥的甜味，和個性的咖哩味也很對味。

業主兼主廚
瀨島德人先生

深受南印度料理吸引，從公司職員轉而踏上料理人之路。曾遠赴印度南部的喀拉拉邦學習道地的印度料理，回國後，在東京都的法式小餐館累積法國料理的經驗。去年，開設東方風味法式餐館「桃之實」。

東方 × 法國 × 自然派葡萄酒。
在新感覺法式小餐館品嚐香料風味料理

東方風味法式餐館　桃之實

東京 · 本鄉三丁目

開幕一年的「桃之實」，預約客讓店內連日來都座無虛席。從東方風味法式餐館（Oriental Bistro）這個店名可得知，該店的菜色是融合南印度料理和法國料理的獨創風味。主廚瀨島德人先生在還是公司職員時，曾到南印度旅行，被當地的料理深深吸引，沒有任何料理的經驗的他，經人引介直接進入南部喀拉拉邦的休閒旅館餐廳工作。喀拉拉邦深受歐洲的影響。在那裡，他學會在印度烹調技術中揉合法國的技巧，累積製作洗練料理的經驗。為了搭配他最愛的葡萄酒，瀨島先生運用法國的烹調技術，將料理變化成傳統的南印度料理。考慮到和葡萄酒是否對味，比起使用「辣味」香料，他更多用富「香味」的香料。刺激的辣味也有損葡萄酒的丹寧酸，以及喧鬧飲酒後的餘韻。

因此，該店提供用非常適合自然派葡萄酒香味的香料，以調和肉、魚類的油膩感，並提引出食材的原味。他的技術在看板料理「切蒂納德（Chettinadu）風印度炒飯」、「蕉葉烤魚」，以及如法式燉雞般的「奶油雞」、「菠菜咖哩雞」等中都能品嚐到。

地址／東京都文京区本鄉3-30-7　電話／03-3868-3238　營業時間／17：00～22：30（L.O.）　例休日／週日
規模／8坪·12席　客單價／5000～6000日圓

● 菠菜咖哩雞

參考價格2000日圓（含稅）

該店的印度定番咖哩「菠菜咖哩雞」和「奶油雞」，都是採用法國烹調技法完成的肉類料理。雞肉使用法國產的帶骨腿肉。以鹽和香料醃漬靜置一段時間後再香煎。一般營業上，雞肉會像烹調法式燉雞（Fricassée）般先用肉高湯燉煮備用，提供前再組合上咖哩醬汁。這裡的醬汁不是搭配米飯或烤餅的咖哩醬汁，而是作為主食材的醬汁。這道料理秋、冬季節才供應。

作法見下頁 →

● 菠菜咖哩雞

材料（雞腿肉2根份）

雞腿肉

雞腿肉（帶骨）—— 2根

鹽 ┐

黑胡椒 │

薑蒜泥 ├── 各少量

瑪薩拉綜合香料 ┘

咖哩醬汁

〈原狀香料〉

┌ 肉桂 —— 3片

│ 小荳蔻 —— 3個

│ 丁香 —— 3個

│ 八角 —— 1個

│ 乾辣椒 —— 1個

└ 孜然籽 —— 1/2小匙

大蒜（切粗末）—— 10g

洋蔥（切粗末）—— 120g

生薑（切粗末）—— 10g

青辣椒（切粗末）—— 10g

薑蒜泥 —— 1小匙

〈粉狀香料〉

┌ 薑黃粉 —— 1/2小匙

│ 芫荽粉 —— 1大匙

│ 紅辣椒粉 —— 2/3小匙

└ 孜然粉 —— 1/3小匙

番茄（切粗末）—— 200g

肉高湯 —— 75cc

鮮奶 —— 50cc

鮮奶油 —— 25cc

水 —— 適量

鹽 —— 適量

完成用

菠菜泥 —— 100cc

酸奶油＋鮮奶油 —— 1大匙

〈配菜用蔬菜〉

茄子 —— 1/2根

胡蘿蔔（汆燙過）—— 2塊

四季豆（汆燙過）—— 2根

菠菜（汆燙過）—— 1棵

馬鈴薯泥 —— 適量

酥油

瑪薩拉綜合香料

葫蘆巴葉

鮮奶油

芫荽（葉）

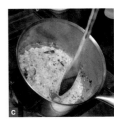

作法

1　使用帶骨雞腿肉。視大小而定，1根約是1～2人份。用手混抹上鹽、黑胡椒、薑蒜泥、瑪薩拉綜合香料，靜置30分鐘～1小時醃漬入味  a 。

2　製作咖哩醬汁。在鍋裡放入大量沙拉油（分量外）加熱，拌炒乾辣椒和孜然籽以外的〈原狀香料〉。散出香味後，加乾辣椒和孜然籽，孜然籽變香後，取出乾辣椒 b 。

3　在2中加入大蒜拌炒，散出香味後加洋蔥。轉大火添加油，以煎炸的狀態拌炒 c 。

4　加入生薑、青辣椒再拌炒，洋蔥炒到呈黃褐色後加薑蒜泥，再加入所有的〈粉狀香料〉拌炒 d 。

5　香料吸油表面滲出油後 e ，加番茄。這時火開大避免鍋子的溫度下降 f 。

6　番茄熟透後，依序加入肉高湯、鮮奶和鮮奶油，一面混拌整體，一面讓它融合。加水調整濃度，加鹽調味。咖哩醬汁完成 g 。

memo

▼步驟2中最後才加孜然籽，是因為油溫若不夠高，孜然籽無法散發香味。

▼步驟3中加入洋蔥時，要以製作炸洋蔥圈的感覺來煎炸出香味。因此，放入洋蔥時要留意油的溫度。溫度下降洋蔥會出水。

接續下頁 ➡

7　香煎1的醃漬雞肉。在平底鍋中加熱沙拉油（分量外），先煎皮面，皮面煎至焦脆後，翻面再煎裡側 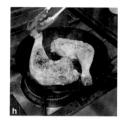。

8　從平底鍋中取出雞肉，放入6的咖哩醬汁中燉煮。在煎過雞肉的平底鍋中倒入白葡萄酒 （分量外），將殘留在鍋裡的焦液煮出，倒入6的咖哩醬汁的鍋裡。

9　整體煮軟後，加入少量菠菜泥，確認顯色情況 。加蓋放入180～200℃的烤箱中，約烤煮10分鐘 。

10　準備配菜用蔬菜。茄子縱切一半，茄身劃格子狀切口，表面抹油後香煎。在旁邊香煎汆燙過的胡蘿蔔、四季豆和菠菜，加鹽和黑胡椒調味，淋上白葡萄酒 。馬鈴薯泥另外加熱備用。

11　將9的鍋子從烤箱中取出，取出雞肉，完成咖哩醬汁。將咖哩醬汁加熱，一面視顏色和濃度，一面加菠菜泥 。

12　加入混合好的酸奶油和鮮奶油，使其融合，最後加酥油、瑪薩拉綜合香料和葫蘆巴葉調整味道和香味 。

13　在容器中盛入配菜用蔬菜和雞肉，淋上咖哩醬汁，撒上鮮奶油和芫荽後提供。

memo

▼雖然在步驟9中加入菠菜，不過當天使用的菠菜會改變完成時的顏色，所以此步驟時要一面確認，一面調整當天使用的菠菜泥分量。

▼步驟12時加入酸奶油，料理完成後味道更清爽。事先混合好等量的酸奶油和鮮奶油再使用。

▼一般的烹調步驟是雞腿肉醃漬、香煎後，預先用肉高湯燉煮備用。從肉高湯取出雞肉後先保存。這個肉高湯還能當作很好的高湯。咖哩醬汁同樣也是以熬煮的狀態保存。提供時組合雞肉和咖哩醬汁，調整味道和濃度即完成。

切蒂納德風味羊肉炒飯

2人份 ・2800日圓（含稅）

南印度的傳統料理「印度炒飯（Briyani）」，是將肉類咖哩和菜肉飯（Pilaf）般的蒸飯層層重疊，再加香料和香草蒸烤成的料理。層疊的菜料經過加熱，肉香味、香料和香草的香味混然融為一體，使香味大增散發豐富的味道。山羊肉是使用不太有腥羶味的稚齡羊肉。許多顧客前來都是為了品嚐這道料理，它是該店主要熱銷的料理。

作法見下頁 ➡

● 切蒂納德風味羊肉炒飯

材料（2人份）

羊肉咖哩醬汁 ── 適量*1

鹽 ── 少量

瑪薩拉炒飯香料 ── 少量*3

印度香米蒸飯 ── 適量*2

瑪薩拉炒飯香料 ── 適量*3

炸洋蔥 ── 適量

咖哩葉 ── 適量

薄荷葉 ── 適量

檸檬汁 ── 適量

酥油 ── 適量

麵包麵團（用水混合麵粉製成）── 適量

〈優格沙拉（Raita）〉

　　優格 ── 適量

┌ 鹽 ── 少量

│ 切特瑪薩拉（Chat Masala）── 少量*4

│ 小黃瓜（切滾刀塊）── 適量

│ 芫荽（葉）── 適量

└ 辣椒粉 ── 少量

*1 羊肉咖哩醬汁

山羊肉事先水煮後，放入山羊肉高湯、香味蔬菜和香料燉煮約2小時將肉煮軟。煮好後和切蒂納德風味香料醬汁混合，再慢慢地燉煮製成味道濃厚的咖哩醬汁。基底香料是丁香和小荳蔻。

*2 印度香米蒸飯

蒸飯是像菜肉飯般的炊蒸飯。印度香米用水浸泡後，加入原狀香料、腰果和葡萄乾，加水炊蒸。蒸好後加入番紅花大致混拌，完成後如雙色米般。

*3 瑪薩拉炒飯香料

在芫荽、黑胡椒、紅辣椒（無辣味）中，加入小荳蔻、肉桂、丁香、肉豆蔻皮（肉豆蔻果實的外皮）和八角。全使用原狀香料，經過烘烤用攪碎機攪打成粉。

*4 切特瑪薩拉

印度大眾化輕食餐館用的綜合香料。含有硫黃系岩鹽，具獨特的香味、酸味及鹹味等，味道複雜。

作法

1　將羊肉咖哩醬汁取至小鍋裡加熱，加少量鹽和瑪薩拉炒飯香料調味 。

2　加熱印度香米蒸飯。

3　在砂鍋裡放入1的咖哩醬汁 ，疊上2的蒸飯。放上瑪薩拉炒飯香料、炸洋蔥、咖哩葉和薄荷葉，均勻淋上檸檬汁和酥油 。

4　麵包麵團揉成繩狀，沿著鍋邊黏貼 ，加蓋放入250℃的烤箱中約烤10分鐘。

5　製作優格沙拉。優格用鹽和切特瑪薩拉調味，盛入容器中，放上切滾刀塊的小黃瓜和芫荽葉片，撒上辣椒粉。

6　4烤好後 ，佐配優格沙拉提供。

---

memo

▼在步驟1使用的羊肉咖哩醬汁需充分熬煮。在此階段要同時調整味道和濃度。

▼長粒米的印度香米和日本米不同，即使直接加熱味道也不變，該店的「印度香米蒸飯」是分成小分冷藏。

▼步驟4黏貼的麵包麵團，能使鍋蓋完全密封，讓香味和鮮味更加濃郁。

優格沙拉「Raita」，是印度炒飯的必備品。可直接食用轉換口味，也可以混拌印度炒飯食用。

● 蕉葉烤魚

1800日圓（含稅）

主廚瀨島先生為精通這道料理，曾專程遠赴印度學習，是一道極富人氣的料理。醬汁中的黃藤果的甜味與酸味，和其他香料融為一體，揉合出濃郁醇厚的味道。用香蕉葉包住醃漬過的白肉魚，和醬汁一起蒸烤，大幅提引出清淡的白肉魚的鮮味。這樣豪華又複雜的美味，受到許多粉絲的喜愛。

材料（1盤份）

日本櫛鯧（魚塊）—— 125g

鹽
黑胡椒
薑黃粉 ——— 各適量
檸檬汁
綠辣椒醬

椰子油 —— 適量

香蕉葉 —— 1片

黃藤果醬（Garcinia cambogia；Kodampuli）—— 適量*1

白葡萄酒 —— 適量

香蕉（圓片）—— 2片

四季豆 —— 2根

秋葵 —— 2根

*1 黃藤果醬

●材料
芥末籽／葫蘆巴籽
椰子油
大蒜・生薑・紅蔥・青辣椒・洋蔥（各切末）
咖哩葉／薑黃粉
紅辣椒粉／芫荽粉
番茄（切末）／黃藤果
椰奶／鹽

●作法
用椰子油拌炒原狀香料，散出香味後，加香味蔬菜和咖哩葉慢慢拌炒。再加粉狀香料充分混拌融合後，加番茄和泡水還原的黃藤果，拌炒到油分離出來。最後加椰奶，再加鹽調味。

作法

1　魚使用日本櫛鯧等白肉魚。在魚塊的兩面抹上鹽、黑胡椒、薑黃粉、檸檬汁和綠辣椒醬醃漬。

2　在平底鍋中加熱椰子油，先煎1的魚的皮面，魚皮煎至焦脆後，翻面煎熟。

3　攤開香蕉葉塗上黃藤果醬，上面放上2的魚，再塗黃藤果醬 。

4　將魚塊緊密包成長方形 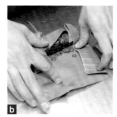，用香蕉葉梗作為繩子綑綁打結以免散開 。

5　加熱平底鍋，放上4，淋上白葡萄酒 ，加蓋以200℃的烤箱約燜烤6分鐘。

6　香煎配菜用的香蕉、四季豆和秋葵，撒鹽和黑胡椒，和5一起盛盤。

memo

▼黃藤果的特色是具有梅乾般的酸味，泡水回軟後使用。和椰奶的圓潤風味組合，是製作濃郁風味醬汁不可或缺的材料。

● 菊苣芒果茴香沙拉

1000日圓（含稅）

這是在芒果的甜味、茴香的清爽味、核桃的口感與濃味中，加入切特瑪薩拉和孜然等的香濃沙拉。不僅外觀看起來清爽，還能享受菊苣和茴香的爽脆口感。該店也推薦作為突顯肉類或海鮮等主菜風味的料理。即使是使用富甜味的芒果，也不要選擇完熟的，才能和其他材料充分融合。

材料

菊苣（Endive）⎤
芒果　　　　　｜
茴香　　　　　｜
番茄　　　　　｜
核桃　　　　　｜
鹽　　　　　　├── 全部適量
切特瑪薩拉　　｜
孜然粉　　　　｜
黑胡椒　　　　｜
檸檬汁　　　　｜
法式調味汁　　⎦

作法

1　菊苣切成易食用大小。芒果準備甜味濃的品種，但不要完熟的，切成易食用的薄片。茴香使用莖和葉，莖切成易食用大小。小番茄切半。

2　將1和核桃混合，加鹽、切特瑪薩拉、孜然粉、黑胡椒和檸檬汁混合，混勻後加法式調味汁調味。

執行董事
稻田俊輔先生（右）
店長
礒邊和敬先生（左）

對料理抱持不斷探索的熱情，經營者稻田先生（經營該店的圓相食品服務〔Enso Food Service〕公司執行董事）和店長礒邊先生。兩人攝於有南印度街頭餐廳意像的海報「Meals Ready」（南印度套餐）之前。

提供超高 CP 值的
正統南印度料理

南印度咖哩 & Bar ERICK SOUTH

東京・八重洲

在南印度咖哩專賣店「Erick South」能輕鬆享受到近幾年來人氣不斷飆升中的南印度風格「Meals（套餐）」，使得該店深獲好評。「Erick South」餐廳於 2011 年開幕，店面位於連接東京車站的八重洲地下飲食街上，也就是南印度料理名店林立的咖哩激戰區銀座～八重洲附近一隅。自開店以來，該店午餐時刻都大排長龍、座無虛席，一直擁有超高的業績。該店極富魅力的是，咖哩迷或印度客人都喜愛的濃郁咖哩，以及獨自前來的女性也易入座的吧台位為中心的店內輕鬆氣氛。據說，實際上女性顧客占半數以上。

關於該店調配的咖哩風味，是採取分階段使用香料的正統作法。但另一方面，該店也將許多正統料理，巧妙地調整成適合日本風土和日本人的口味。在這樣周到的考量下，不僅吸引了咖哩迷，還吸引了廣大的一般顧客。此外該店的酒類、印度風下酒菜也很豐富，也能像在夜吧輕鬆喝酒等，不論白天、夜晚顧客都絡繹不絕。據說在那工作的員工都熱愛咖哩，他們對咖哩的愛更加提升店的品質，打造出更吸引顧客的舒適空間。

地址／東京都中央区八重洲2-1八重洲地下街中4（八重洲地下二番通り）　電話／03-3527-9584　營業時間／11：00～22：00（L.O.21：30）週六、日、節日11：00～21：30（L.O.21：00）　例休日／元旦　規模／15坪・吧台位20席、桌位8席　客單價／午1000日圓前後～晚1500～2000日圓

● Erick套餐

1450日圓（含稅）

該店的看板菜單上的「Erick套餐」，是將南印度料理集合在一盤的定食型套餐。顧客可選擇2種咖哩、1種素食咖哩、參峇咖哩、印度香料湯、優格（或沙拉）、印式甜甜圈、蒸麥餅、印度脆餅、米飯2種（薑黃飯和印度香米飯），內容十分豐富。參峇咖哩、印度香料湯和米飯類可自由添加也是套餐的魅力。過了午餐尖峰時間的13時以後供應。

看板菜單上備有「平日套餐」、「Erick套餐」、「素食套餐」3種套餐。依不同的套餐，可分別從「自選咖哩」（6種）中挑選自己喜愛的咖哩。

桌上有包心菜泡菜、醃白蘿蔔和辣油3種一組調味小菜和醬料，顧客可自由添加，隨意享用。

① 熱門咖哩－1　Erick雞肉咖哩（辣味） 作法見P50
人氣最高！是能享受清爽辣味的該店定番咖哩。以自製瑪薩拉綜合香料製作，香味濃郁。

② 熱門咖哩－2　羊肉咖哩（辣味）
使用大量辛香料，羊肉與香料完美搭配的咖哩。具有刺激的辣味。

③ 今日素食咖哩（圖中是瑪薩拉馬鈴薯） 作法見P56
每天提供以季節時蔬製作的素食咖哩。也很適合搭配印度空心餅（Puri）和印度薄餅（Chapati）享用。

④ 參峇咖哩（Sambal） 作法見P54
以蔬菜和磨碎的豆子燉煮，口感軟爛、味道柔和的湯式咖哩。又被稱為南印式味噌湯。

⑤ 印度香料湯（Rasam） 作法見P52
具有藥膳作用、口感滑潤的湯式咖哩。具有增進食欲、促進消化的作用。

⑥ 優格（或沙拉）
原味無糖優格和咖哩或米飯一起食用，能緩和辣味。也可選擇沙拉。

⑦ 印式椰子醬（Coconut chutney）
在南印度常作為蔬菜或豆類料理的配料。用印式甜甜圈或蒸麥餅沾食也很美味。

⑧ 印式甜甜圈（Vada）
以黑豆和香料混成的麵團，油炸成的不甜迷你甜甜圈。是南印度的定番點心。

⑨ 蒸麥餅（Upma）
在粗麥麵粉中加香料等混合後，蒸製而成的餅。奇特的口感會讓人吃上癮。

⑩ 印度脆餅（Papad）
嚼感酥鬆爽脆的印度風味炸脆餅。因富鹹味，也很適合作為下酒菜。

⑪ 印度香米飯（Basmati rice）
印度的高級長粒米。一種香味米，散發芳香的氣味。口感鬆散適合和有湯汁的咖哩搭配。

⑫ 薑黃飯
日本米中加入薑黃炊煮，再放上腰果和無籽葡萄乾。

●Erick雞肉咖哩

這是該店最受歡迎的雞肉咖哩。是6種自選咖哩（Erick雞肉咖哩、碎羊肉、羊肉、奶油雞肉、蔬菜和今日素食）之一。味道的關鍵在於其中使用的香料。先用油加熱提引出原狀香料的香味，再加粉狀香料調配出基底的味道。最後加入該店獨門的瑪薩拉綜合香料，咖哩完成後散發香料味外，還具有濃厚的味道。

材料（5～6人份）

〈A〉調味用

- 沙拉油 —— 100g
- 芥末籽 —— 3g
- 孜然 —— 1g
- 肉桂 —— 2～3cm長1條
- 月桂葉 —— 4片

GG醬 —— 48g*1

洋蔥醬 —— 200g*2

〈B〉粉狀香料

- 芫荽粉 —— 12g
- 孜然粉 —— 6g
- 卡宴辣椒粉 —— 3g
- 薑黃粉 —— 3g
- 小荳蔻粉 —— 1g
- 紅椒粉 —— 1g
- 黑胡椒粉 —— 1g
- 胡蘆巴粉 —— 1g

鹽 —— 10～12g

雞腿肉（去皮切成一口大小）—— 450g

水 —— 200cc

番茄（水煮氽燙切片罐頭）—— 250g

瑪薩拉綜合香料A・B —— 各1g（1/2小匙）*3

*1 GG醬

將大蒜、生薑和水以1：1：2的比例混合，用食物調理機攪打成糊狀。

*2 洋蔥醬

慢慢地香煎洋蔥直到變軟成為不到一半的分量。

*3 瑪薩拉綜合香料A・B

該店的雞肉咖哩中所用的瑪薩拉綜合香料，是用A和B兩種不同風味的綜合香料，以等比例混合成味道均衡的萬用型瑪薩拉綜合香料。瑪薩拉綜合香料A（圖右）是以小荳蔻、黑胡椒為主，加上數種香料的配方。具有濃嗆的香味，主要用來搭配羊肉等風味濃郁的肉類咖哩。此外，瑪薩拉綜合香料B（圖左）是肉桂、丁香、茴香等混合的配方。具有甘甜的異國香味，適合搭配使用椰子的咖哩和海鮮類。

作法

1. 在鍋裡放入A的沙拉油,以中火加熱,油熱前加入所有A的香料,加熱時避免煮焦,調和提引出香味。這裡煮焦會產生苦味,請注意 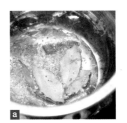。

2. 香料的周圍開始冒出小氣泡,散發更濃的香味後,加入GG醬拌炒。

3. 散發生薑和大蒜的香味後,加入洋蔥醬再混合拌炒 。

4. 炒到多餘的水分蒸發,洋蔥和油融合後,加入B的粉狀香料 ,拌炒到整體融合產生黏性為止,即完成基底的味道。大致的基準是散發甜香味,油分離出來,能看見泛紅的油為止 。這項作業是形成咖哩味的重要關鍵,因此要仔細進行。

5. 加入雞肉和鹽 ,再一面拌炒雞肉,一面讓整體融合。

6. 油再次分離出來呈紅色後,加水,一面如刮取鍋底般混拌,一面讓整體融合。

7. 加水和番茄後火轉小,約煮20分鐘 。

8. 最後加入混合好的瑪薩拉綜合香料A和B,稍微加熱即完成 。加入瑪薩拉綜合香料後,只要加熱到引出香味即可,切勿過度加熱。

---

memo

▼這裡是使用水煮切片番茄罐頭,不過也可使用新鮮番茄。

● 印度香料湯

這是以象徵南印度的酸辣香料豆和番茄製作的湯式咖哩。酸豆的酸甜味，和辣椒、胡椒的辣味調和出複合的美味。最後用油加熱香料迅速加入調味（Tarka），能呈現更新鮮的香料風味。因口感滑潤非常適合搭配米飯，是套餐中的必備品項。

材料（5～6人份）

木豆（Toor Dal）泥 —— 200g（參照P54）

〈A〉
- 酸豆 —— 25g
- 溫水 —— 200cc

〈B〉
- 番茄 —— 250g
- 大蒜（切片）—— 10g
- 水 —— 500cc

〈C〉
- 鹽 —— 12g
- 卡宴辣椒粉 —— 2g
- 黑胡椒 —— 8g

〈D〉
- 香菜葉（切粗末）—— 適量
- 番茄（切丁・完成用）—— 100g

〈E〉調味用
- 沙拉油 —— 25g
- 芥末籽 —— 2g
- 孜然籽 —— 2g
- 紅辣椒 —— 2根
- 阿魏 —— 微量
- 咖哩葉 —— 5～6片

咖哩葉是原產於印度的芸香科樹木的葉子，多用於南印度和斯里蘭卡料理中。較難買到新鮮的，不過該店儘量使用新鮮的，或是冷凍品（圖中是珍貴的日產咖哩葉）。

作法

1. 用分量的溫水浸泡〈A〉的酸豆回軟備用 。

2. 〈B〉的番茄和大蒜一起用食物調理機攪打成泥狀備用。

3. 在鍋裡一面過濾倒入1的酸豆浸泡液，一面捏擠出汁液，再加入木豆泥 、2的番茄泥 、和分量的水混合，以中火加熱。

4. 煮沸後，加〈C〉的香料和鹽，用打蛋器一面混拌，一面讓整體融合 。粉狀香料易殘留粉粒，所以要用打蛋器混拌。

5. 再次煮沸後，加香菜葉和番茄，稍微煮一下。這項作業是讓料理增添新鮮風味和口感的重點 。

6. 在別的小鍋中放入〈E〉的調味用沙拉油、紅辣椒、芥末籽和孜然籽加熱，充分提引出香味 。最後加入阿魏和咖哩葉，加熱4～5秒後，迅速倒入5的鍋裡增加風味即完成 。

memo

▼「阿魏」是繖形科植物的樹液的乾燥粉末。雖然具有獨特的異味，但經過加熱後會轉化成濃郁的香味與厚味。南印度料理中經常使用。使用時只需加微量即可。

「Erick South」的印度下酒菜

蒸麥餅&印式甜甜圈　400日圓（含稅）
以適當的大小提供作為下酒菜。圖中是套餐中也有提供的蒸麥餅、印式甜甜圈，組合印式椰子醬和參峇咖哩。

● 參峇咖哩

這道咖哩是南印度餐桌上不可少的「媽媽味」，地位相當於日本的味噌湯。煮成濃湯狀的煮豆和番茄為基底，再加入酸豆的酸味，以芫荽為主體，加入孜然、胡蘆巴等的獨創綜合參峇粉是味道的關鍵。除了套餐以外，該店也會佐配對味的蒸麥餅和印式甜甜圈，作為前菜或下酒菜供應。

材料（5～6人份）

洋蔥（切塊）—— 150g

GG醬 —— 36g（參照P50）

〈A〉
- 酸豆 —— 20g
- 溫水 —— 200cc～

〈B〉
- 沙拉油 —— 50g
- 芥末籽 —— 5g
- 胡蘆巴籽 —— 3g
- 孜然籽 —— 3g
- 咖哩葉（小）—— 10片

喜歡的蔬菜（切成一口大小）—— 150g

番茄（水煮切片罐頭）—— 150g

木豆泥 —— 600g*1

水 —— 適量（100～200cc）

參峇咖哩粉 —— 12g*2

鹽 —— 15g

*1 木豆泥

木豆（乾燥）600g浸泡在水2ℓ中30分鐘～1小時回軟，連同浸泡液一起以小火加熱，加蓋煮到變軟為止。再加入少量薑黃粉，用打蛋器混拌，煮到呈稀的濃湯狀為止。

木豆日語稱為Kimame。英語稱為黃豌豆（Yellow split pea），已從中剖半。木豆與豌豆同類。是參峇咖哩、印度香料湯等南印度代表料理中，不可或缺的豆子。

*2 參峇咖哩粉（Sambal）

參峇咖哩粉是用芫荽、孜然、胡蘆巴、黑胡椒（以上全為原狀）、木豆、喀什米爾（Kashmiri）辣椒等烤過後，研磨成的綜合香料粉。喀什米爾辣椒是印度喀什米爾地方特產的較大型辣椒。並不太辣、顏色呈鮮紅色，加熱後散發甜香味。

作法

1　用分量的溫水浸泡〈A〉的酸豆回軟備用。喜歡的蔬菜分別切成一口大小。

2　在鍋裡放入〈B〉的沙拉油，加入除咖哩葉以外的香料加熱，提引出香味。

3　最後加入咖哩葉稍微拌炒，添加新鮮的香味 。

4　加入GG醬和洋蔥，洋蔥拌炒到稍微呈透明狀 ，過濾倒入1的酸豆浸泡液，果實用力擠汁 。

5　加入1的蔬菜，拌炒到蔬菜熟透後 ，加切片番茄（水煮）和木豆泥，也加入水  。

6　再煮沸後，加參峇咖哩粉和鹽，入轉小火，約煮5分鐘即完成 。

memo

▼「酸豆」是原產於非洲的豆科植物，成熟的果實可食用。在外形如花生的薄皮中，長有黏滑的果肉，特色是具有獨特的酸味和甜味。常用於南印度、東南亞的料理中。除了直接食用外，泡水回軟後還可作為調味料使用。

▼蔬菜依季節或當時狀況而有變化。這裡是使用茄子、節瓜和秋葵。其他也搭配合蘆筍、茄子和節瓜等，組合白蘿蔔、胡蘿蔔或冬瓜等也很美味。

● 瑪薩拉馬鈴薯

這是在馬鈴薯中組合綠花椰菜，南印度風味的乾式蔬菜咖哩。鬆綿的馬鈴薯中，綠花椰菜成為口感上的重點。最初先用油拌炒香料，充分提引出香味後，再加蔬菜、薑黃和鹽燜煮。根據不同的季節，還可以使用竹筍、豌豆等當季的時蔬，以相同的手法製作。

材料（5～6人份）

馬鈴薯（男爵）—— 350g
綠花椰菜 —— 150g
〈A〉調味用
沙拉油 —— 50g
芥末籽 —— 1小匙
孜然籽 —— 1小匙
鷹嘴豆 —— 1小匙
黑豆 —— 1小匙
紅辣椒 —— 1根
咖哩葉 —— 10片

〈B〉
洋蔥（切大塊）—— 100g
生薑（切粗末）—— 8g
青辣椒（切小截）—— 1根份
甜味青辣椒（縱向劃切口）—— 2根
番茄（切大塊）—— 150g
鹽 —— 8g～（視個人喜好）
薑黃 —— 1/2小匙
水 —— 適量（100cc～）
四季豆 —— 60g
香菜（切大塊）—— 適量

作法

1　馬鈴薯和綠花椰菜分別切成一口大小，水煮至稍硬備用。

2　在鍋裡放入A的咖哩葉以外的材料，加熱。啪滋作響散發香味後，加入咖哩葉拌炒一下。

3　加入B的材料拌炒整體，和油融勻後，加番茄  a 。

4　用木匙拌炒，炒到番茄變軟爛後，加鹽和薑黃讓整體混合均勻。

5　加入1的蔬菜，加入比能蓋過材料再稍少一些的水，加蓋用小火燜煮10分鐘  b 。

6　馬鈴薯吸收水分，稍微煮爛後，加入用鹽水汆燙過切好的四季豆混拌一下，加香菜即完成  c 。

業主
Ajith Rodrigo 先生

2011年3月，Ajith Rodrigo先
生基於「希望讓大家認識斯
里蘭卡家常菜」的理念，
和弟弟Anura（音譯）先生
共同開設RODDA group。2015
年6月，在大阪・阿波座開
設2號店斯里蘭卡居酒屋
「NUWARA KADE」。

混合多種咖哩的風格
傳遞故鄉斯里蘭卡的美味

RODDA group

大阪・千代崎

RODDA group是斯里蘭卡兄弟經營的斯里蘭卡咖哩專賣店。在傳遞斯里蘭卡正統咖哩味的使命下，該店的香料類全由斯里蘭卡購入，而且不會為了迎合日本人的口味在配方上做任何改變。哥哥Ajith先生說「咖哩之於斯里蘭卡人，就像味噌湯之於日本人一樣」。他表示斯里蘭卡的咖哩因不同的地區和家庭，味道也不同，沒有一定的規則，味道完全取決於烹調者的技術和經驗。用於咖哩中的香料，一道料理中多達10～20種。根據魚或肉類的主食材，配方的組合也有變化。辣椒是味道的關鍵。他們會購入斯里蘭卡產辣味濃烈的原狀辣椒，再用果汁機攪碎後使用。

此外，該店的咖哩特色如同人氣「田園風味咖哩餐」般，是混合多種咖哩食用風格。透過混合，刺激的辣味中疊入厚味與鮮味，越吃越能感受到味道的濃郁度。在16席的店內，吸引了許多關西咖哩迷前來捧場。2號店「NUWARA KADE」，店名源自Ajith先生的故鄉KADE，那裡除了販售咖哩外，還備有豐富的酒類和單點料理。據說重現有別於斯里蘭卡家常菜的街頭小吃的原味。

地址／大阪府大阪市西區千代崎1-23-9　電話／06-6582-7556　營業時間／11：00～22：00　週一11：00～15：00　例休日／週四
規模／7坪・16席　客單價／1500日圓

● 田園風味咖哩餐（Gyami rasa set）

1200日圓（含稅）

Gyami 意指田園、Rasa 是味道的意思，這道是田園風味咖哩簡餐。一盤裡包含有米飯、多種咖哩和配菜，是該店的人氣料理。主菜咖哩有雞肉、豬肉、魚（週六、日、節日＋300日圓有蝦、羊肉）可供選擇，其他還有每天更新的3種咖哩、2種副菜，以及豆粉製作麵團油炸成的豆餅。可一面混拌，一面享用。週日、節日時，另有供應菜色更豐富、1500日圓（含稅）的簡餐。

ギャミラサセット
（月〜土曜日）
1200円

・イエローライス
・カレー【チキンorポークorフィッシュ】
　→1500円でカレー【エビorマトン】
・パパダン（豆せんべい）
・ミルクティー
※プラス500円でおかわりができます。

① 魚咖哩　作法見P60
魚種視情況變更，最常使用鰭魚。是加入大量辣椒的辣味咖哩。

② 四季豆咖哩
以芫荽、孜然、茴香等香料拌炒四季豆的辣味咖哩。

③ 扁豆咖哩　作法見P61
以椰奶燉煮小扁豆的甜味咖哩。具有讓辣味咖哩味道更深厚的作用。

④ 斯里蘭卡葉
常製作成粥品的斯里蘭卡香草積雪草（Centella Asiatica）的炒菜，味道清爽。

⑤ 椰子香鬆　作法見P61
以椰子粉和辣椒混拌製作，外形如魚鬆一般，是斯里蘭卡常見的國民食品。

⑥ 甜菜咖哩
椰奶煮甜菜的咖哩。和豆類咖哩一樣，能緩和其他咖哩的濃烈辣味。

● 魚咖哩

這道斯里蘭卡的鮮魚咖哩，除了使用鮪魚外，該店也會採用鰹魚或沙丁魚製作。大致上該店都使用鮪魚。使用辣椒、肉桂、藤黃果等原狀香料時，會先用果汁機攪碎。還使用經烘焙和未經烘焙的兩種咖哩粉。最後加入能消除魚腥味的藤黃果。

材料

鮪魚（切成一口大小）

洋蔥（切片）

咖哩葉

香林投

小荳蔻

肉桂（原狀）

鹽

辣椒（原狀用果汁機攪碎）

咖哩粉

薑黃

藤黃果（Goraka）

製作海鮮類咖哩時必定使用藤黃果。它除了能消除魚腥味外，還能增加酸甜味。圖中的原狀香料攪碎後使用。

在該店櫃台上展示著常使用的香料。點餐後會從這裡取用香料烹調，不過這樣展示也是為了讓顧客看到香料。

作法

1 在鍋裡倒油（分量外），放入洋蔥、咖哩葉、香林投和肉桂拌炒。

2 散出香味後加鹽，再加辣椒、咖哩粉和薑黃拌炒5分鐘。

3 加藤黃果，混拌一下後加水（分量外）煮至沸騰。

4 加鮪魚再煮至沸騰。

5 嚐味道後，加鹽調味。

● 扁豆咖哩

這是斯里蘭卡咖哩的標準作法，以椰奶燉煮豆子和香料的咖哩。
慢慢加熱小扁豆，燉煮到豆子入口後立即碎爛般柔軟。主廚沒用
辣味重的香料，讓人能感受到豆子與椰子風味的溫和口感。這道
咖哩大多和辣味咖哩搭配食用。

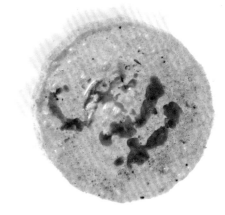

材料	作法

材料

A
- 洋蔥（切片）
  青辣椒
  薑泥
  茴香
  肉桂（原狀）
  咖哩葉
- 薑黃

椰奶
小扁豆
鹽

作法

1　在平底鍋裡倒油（分量外），放入A拌炒。

2　洋蔥和香料混勻後，加椰奶煮沸。

3　加入小扁豆，用湯匙慢慢混拌。

4　嚐味道後，加鹽調味。

● 椰子香鬆

以椰子片和辣椒拌炒的椰子香鬆，是斯里蘭卡受大眾喜愛的配
菜，作法簡單，美味又樸素，又稱為「Porusanboru（音譯）」。基
本上它是拌菜，製作重點是拌炒時要迅速，火候不可太過。還可
以加入檸檬汁。它和咖哩香料的辣味不同，甜辣味是其重點特
色。

材料

洋蔥（切末）
辣椒
椰子片
柴魚（鰹魚）

作法

1　用果汁機攪碎洋蔥和辣椒。

2　在平底鍋裡倒油（分量外），將1、椰子片和柴魚拌炒到變酥鬆為止。

● 咖哩米粉

880日圓（含稅）

這道料理是將斯里蘭卡產的米粉汆燙後，淋上辣味雞肉咖哩和甜味扁豆咖哩享用。供應時搭配的咖哩種類並不固定，但基本上是辣味和甜味咖哩。和米飯比起來，米粉淡淡奶油香味讓人感受不一樣的美味。該店有週日限定的料理，而咖哩米粉是週二限定的菜色。

材料

乾米粉
雞肉咖哩*1
扁豆咖哩（參照P61）
奶油
青蔥（切小截）

*1 雞肉咖哩

● 材料

雞腿肉 ——— 1kg
水 ——— 1ℓ
番茄（切丁）
鹽
〈A〉
┌ 洋蔥（切片）
│ 薑泥
│ 蒜泥
│ 咖哩葉※
│ 香林投
│ 波蘿蜜
│ 薑黃
│ 肉桂
│ 小荳蔻
│ 辣椒（原狀用果汁機攪碎）
└ 咖哩粉

● 作法

1　在平底鍋中倒油（分量外），放入A拌炒。
2　加雞肉、番茄和鹽再拌炒。
3　加水，煮沸後轉小火，煮到水分收乾。
4　嚐味道後，加鹽調味。

作法

1　用水汆燙米粉，瀝除水分。
2　在平底鍋中加熱奶油拌炒米粉。
3　將米粉盛入盤中央，在兩側放上雞肉咖哩和扁豆咖哩，最後放上青蔥。

---

memo

▼料理中的主角米粉購自斯里蘭卡，它是用米磨成的粉製作的食材。比米飯更柔軟、清淡，晚餐想吃輕食時適用。

※ Karapincha；譯註：僧伽羅語的咖哩葉為 Karapincha。

● 辣炒雞丁

1000日圓（含稅）

這道辣炒料理是將黑胡椒充分調味的雞肉油炸後，再用辣椒等香料拌炒。在醬汁、配料和裝飾中都有使用番茄，辣味中還帶有酸甜味。在晚上的單點菜單中，辣炒雞丁作為下酒菜或炒飯的配菜等都深獲好評。其他的辣炒食材還有烏賊、蝦、豬肉、牛肉、魚等。

材料

炸雞（用黑胡椒調過底味）

洋蔥

萬願寺辣椒

番茄

〈A〉

　├ 蒜泥

　│ 薑泥

　│ 辣椒（原狀用果汁機攪碎）

　└ 番茄醬（市售品）

鹽

砂糖

水

麻油

〈裝飾配料〉

青蔥

番茄

作法

1　在平底鍋裡倒油，拌炒A。

2　加鹽、砂糖和水煮沸一下。

3　放入炸雞拌煮。

4　加入切成一口大小的洋蔥、萬願寺辣椒和番茄。

5　淋上麻油，散出香味後離火，盛入盤中，加入切片番茄和青蔥作為裝飾。

業主
Kapila Bandara　先生
出生於斯里蘭卡的古都康提
（Candy）。當初他基於成為
歌舞伎演員此一奇特目標來到
日本。在從事寶石銷售和旅行
業的同時，希望讓人認識斯
里蘭卡的料理，於2011年開設
「Taprobane」餐廳。

以道地的新鮮香料
製作鮮味濃郁的斯里蘭卡咖哩

香料餐廳 Taprobane

東京・南青山

　　Taprobane店內掛著搶眼的「挑戰」二字的書法掛軸。掛軸充分展現了業主 Kapila Bandara 先生的想法，他意圖在各國咖哩名店林立的青山，開設一家提供正統斯里蘭卡料理的店來一決勝負。

　　他表示新鮮度和新鮮感，是斯里蘭卡咖哩和其他國家咖哩不同之處。咖哩完成後不久放，餐廳每次只製作所需的分量，讓顧客享用當天完成的咖哩。以咖哩為首用於料理中的香料，該店大約每3週一次自斯里蘭卡空運送抵，那些新鮮的香料全都是Kapila先生的母親在當地挑選的香料，以私房的配方混合。當地稱為「Tunapaha」的咖哩粉大約使用10種香料，該店備有辣味重的肉用焙炒咖哩粉，及辣味柔和的蔬菜或魚用未焙炒的咖哩粉。其他，還使用像

日本柴魚的馬爾地夫魚乾（Maldive fish）也是一大特色，新鮮香料的清爽味中還能感受到濃郁的鮮味。

　　現在，該店的午餐也提供可享用2種咖哩和4種小菜的一盤式套餐。雖然和斯里蘭卡原本提供的風格不同，不過這種作法也深受好評。

地址／東京都港区南青山2-2-15 ウィン青山ビル104　TEL／03-3405-1448　營業時間／11：30～15：30（L.O.15：00）17：30～23：30（L.O.22：30）
例休日／週日　規模／13坪・26席　客單價／午880～1080日圓、晚3000～5000日圓

斯里蘭卡式
咖哩餐

1080日圓（含稅）

一般斯里蘭卡家庭食用咖哩的方式是會準備數種料理，大家再依自己的身體狀況從中選擇適合的享用。像這樣集中一盤提供的方式很適合日本。儘管只有一盤，除了南瓜咖哩、雞肉咖哩外，還有4種蔬菜配菜，是含有大量蔬菜的健康午餐。請一面用印度香米混合咖哩和小菜，一面享受各種美味。

① 雞肉咖哩　作法見P71
用香料的辣味和香味，番茄的酸味燉煮出的清爽雞肉。

② 斯里蘭卡的傳統南瓜咖哩　作法見P68
其中加入炒米和炒椰子磨製的粉，以增添厚味、鮮味、甜味和濃稠度。

③ 椰子香鬆（椰子和辣椒製的香鬆）　作法見P73
斯里蘭卡料理中不可或缺的配菜之一，刺激的辣味能開胃下飯。

④ 涼拌鴨兒芹（鴨兒芹和椰子的涼拌菜）　作法見P73
在鴨兒芹和椰子中還加入馬爾地夫魚乾（Maldive fish）的斯里蘭卡的基本涼拌菜。

⑤ 涼拌茄子丁香魚　作法見P72
炸茄子和鹽漬丁香魚的涼拌菜。丁香魚的鹹味和鮮味讓人一吃上癮。

⑥ 胡蘿蔔沙拉　作法見P73
切絲胡蘿蔔和洋蔥混拌成的沙拉。爽脆的嚼感可轉換口味。

⑦ 米飯
使用香味濃的長粒米印度香米。鬆散的口感和咖哩能充分融合。

⑧ 印度脆餅（papadam）
以大豆粉混拌成的麵糊，油炸製成的油炸甜點，能享受到酥脆的口感。

● 斯里蘭卡的
傳統南瓜咖哩

這是材料不經油炒直接燉煮的南瓜咖哩。為了充分發揮南瓜的甜味，香料主要是使用辣味柔和的咖哩粉。這種斯里蘭卡的傳統作法，還加入炒過的米和椰磨成的粉，以添加香味、甜味和濃稠度等，形成更濃郁的風味。另外，還加入斯里蘭卡柴魚的乾馬爾地夫魚乾來增添鮮味。

材料（40客份）

南瓜 —— 2kg

〈香料A〉

未烤咖哩粉（Tunapaha） 湯匙堆高3匙

薑黃 —— 湯匙1/2匙

黑胡椒 —— 湯匙3/4匙

肉桂棒 —— 1/2根

斯里蘭卡的柴魚 湯匙堆高2匙

洋蔥（切薄片）—— 75g

大蒜（切薄片 —— 30g

大豆白絞油 —— 湯匙堆高2匙

水 —— 1800cc

鹽 —— 湯匙堆高2匙

椰子片 —— 50g

印度香米 —— 1杯

椰子粉 —— 湯匙堆高6匙

※湯匙是使用正餐湯匙。

斯里蘭卡的柴魚——馬爾地夫魚乾，據說比日本柴魚具有更悠久的歷史。料理時直接加入削成碎片狀的魚乾。

作法

1　在鍋裡放入切成3～4cm塊狀的南瓜，放入〈香料A〉、柴魚、洋蔥、大蒜和油加熱 。

2　一面拌炒混合整體，一面讓材料融合。充分炒軟後加水，以大火煮沸，加鹽，用小火燉煮 。

3　燉煮期間在平底鍋裡炒椰子片。慢慢拌炒直到散發香甜味，呈深褐色為止 。

4　接著炒印度香米。炒到米顏色變深，快焦之前為止 。

5　炒好的椰子和米分別用石磨成粉狀。磨成粉還能增加咖哩的濃稠度 。

6　在鋼盆中放入磨成粉的5，加入椰子粉，加水混拌融合成較稀的濃湯狀 。

7　充分混拌後加入2的鍋裡 ，攪拌混合整體，加鹽調味，慢慢燉煮即完成。

memo

▼加柴魚能增加蔬菜咖哩的濃度和鮮味。

▼米和椰子炒到呈深褐色。特別是為了米的芳香風味能使咖哩味道變濃厚，要充分拌炒到下圖般的程度。

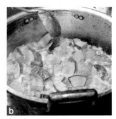

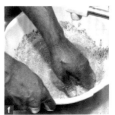

● 雞肉咖哩

這道燉煮雞肉咖哩具有滑順的口感，以及讓人意猶未盡的辣味。雖說是燉煮，但大約只有煮30～40分鐘，食材熟透後即完成。料理散發清爽、新鮮的風味。在原產地是呈現更刺激的辣味，不過該店製作成較適合日本人的柔和口味。主廚絕妙搭配2種咖哩粉來調整辣味。番茄的酸味也更添美味。

材料（40客份）

雞腿肉 ——— 4kg

大豆白絞油 ——— 湯匙堆高4匙

生薑（切薄片）——— 20g

大蒜（切薄片）——— 湯匙40g

洋蔥（切薄片）——— 75g

〈香料A〉

└ 未烤咖哩粉 ——— 湯匙堆高4匙*1
└ 辣椒粉 ——— 湯匙堆高1匙

番茄（切薄片）——— 100g

水 ——— 3ℓ

鹽 ——— 湯匙堆高2匙

〈香料B〉

┌ 未烤咖哩粉*1 ——— 湯匙堆高2匙
│ 辣椒粉 ——— 湯匙堆高1匙
│ 薑黃 ——— 湯匙1/4匙
└ 黑胡椒 ——— 湯匙1/2匙

※湯匙是使用正餐湯匙。

*1 **咖哩粉**

● 使用香料

印度產孜然

斯里蘭卡產孜然

辣椒

肉桂

茴香

芫荽籽

黑胡椒

生薑・大蒜

薑黃

咖哩粉（Tunapaha）的tuna是3、paha是5的意思，表示它是使用許多香料的綜合香料。該店備有生香料直接混成的未烤咖哩粉，以及烤過散發香味的烘烤咖哩粉。圖上的烘烤咖哩粉辣味重，主要用於肉類料理中。

作法

1　雞腿肉切大塊備用  a 。

2　在鍋裡加油、生薑、大蒜和洋蔥拌炒。變軟後加〈香料A〉拌炒 b
　　c 。

3　香料充分炒軟後，加番茄和雞肉拌炒，加水，加鹽調味後燉煮 d 。

4　混合〈香料B〉用平底鍋炒到呈黃褐色  e ，加入3的鍋中，用大火約
　　燉煮30～40分鐘 f 。

5　趁燉煮期間融解香料，以產生濃稠度 g 。加鹽調味，有適當的濃稠
　　度後即完成。

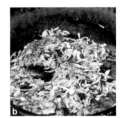

memo

▼斯里蘭卡的肉類咖哩，雖然只用辣味重的焙炒咖哩粉，但該店也用未焙炒的咖
哩粉來調和變化辣味。

Taprobane的香料

自左起／未烤咖哩粉、辣椒粉、黑胡椒、薑黃、辣椒（切小截）、烘烤咖哩粉

該店所有香料都是老闆母親挑選的，每三週自斯里
蘭卡直送至店內。該店大部分料理都是運用這6種香
料製作。

直送的香料也在
店頭販售。使用
咖哩粉，在家也
可以製作斯里蘭
卡風味咖哩。

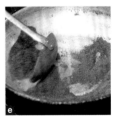

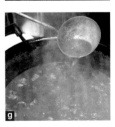

● 涼拌茄子丁香魚

這是茄子、洋蔥、青椒和大量蔬菜炒煮成的酸甜味料理。茄子切片後先清炸，徹底瀝除油分後再加入。這樣比直接生炒更省時，也能形成獨特的口感。鹽漬乾燥的斯里蘭卡丁香魚乾使蔬菜更美味。魚雖然很鹹，但鹽分和魚乾的鮮味成為重點，不論是用來下飯或作為下酒菜都很適合。

材料

茄子

丁香魚乾*1

生薑、洋蔥、大蒜

大豆白絞油

綠、紅椒（切滾刀塊）

綠辣椒（切滾刀塊）

辣椒（切碎）

洋蔥（切滾刀塊）

辣椒粉（粗磨）

鹽

番茄醬

砂糖

*1 斯里蘭卡的丁香魚乾

四周環海的斯里蘭卡也有許多可長期保存食用的魚乾。圖中是日本稱為丁香魚的鹽漬魚乾。鹹味和鮮味濃郁的魚乾，清炸後可直接當作啤酒的下酒菜。

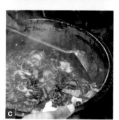

作法

1 茄子切薄片，清炸後瀝掉油。為了充分瀝除油，該店是將前一天的炸油完全瀝出備用 a 。

2 丁香魚乾泡水去除污物，瀝除水分後清炸，充分瀝除油分 b 。

3 用石臼大致碾磨生薑、洋蔥和大蒜，以散發香味。

4 在平底鍋中倒油拌炒3。散出香味後加入1的茄子、切滾刀塊的青椒、2種辣椒和洋蔥拌炒 c 。

5 蔬菜熟透後，加入2的丁香魚，依序加入辣椒粉、鹽、番茄醬和砂糖拌炒 d 。

● 椰子香鬆（椰子和辣椒的香鬆）

這是斯里蘭卡的定番料理。椰子香鬆就像日本的魚鬆般用來下飯。辣椒
粉的辣味，將散發淡淡香味的椰子甜味及洋蔥的口感融為一體。加入斯
里蘭卡的柴魚更添鮮味，是讓人齒頰留香、意猶未盡的美味。

材料

椰子片
洋蔥（切薄片）
斯里蘭卡柴魚（參照P68）
辣椒粉（粗磨）
檸檬汁
鹽、黑胡椒

作法

將全部材料混合，加檸檬汁、鹽
和黑胡椒調味。

● 涼拌鴨兒芹（鴨兒芹和椰子的涼拌菜）

這是鴨兒芹和椰子的涼拌菜。鴨兒芹的葉和莖都切碎，完成後能和椰子
片充分融合，具有絕佳的口感。調味上很單純，和咖哩非常對味，也能
和咖哩混合享受不同味道的變化。

材料

鴨兒芹
番茄
椰子片
斯里蘭卡柴魚
檸檬汁
鹽、黑胡椒

作法

將鴨兒芹的莖和葉切碎，和切碎
的番茄、椰子片和柴魚混合，加
檸檬汁、鹽和黑胡椒調味。

● 胡蘿蔔沙拉

這是切絲胡蘿蔔和洋蔥中混入綠辣椒的沙拉。一盤餐點中加入生蔬菜，
蔬菜的新鮮感和口感將成為餐點的重點，它能使咖哩變得更美味。只要
是口感佳的蔬菜，不管任何種類都能嘗試使用。

材料

胡蘿蔔（切絲）
洋蔥（切薄片）
綠辣椒（切薄片）
紅椒（切薄片）
檸檬汁
鹽、黑胡椒

作法

將所有材料混合，加檸檬汁、鹽
和黑胡椒調味。

主廚
Pokharel Hare Krishna先生(左)
Seeku Rajuddin(音譯)先生(右)

Krishna先生從33歲開始，在尼泊爾第二大都市波卡拉的尼泊爾料理店修業10年的時間。為尼泊爾烤架料理「串燒（Sekuwa）」的達人。印度出身的Rajuddin先生自15歲起在印度東南部的奧里薩（Orissa）邦的印度料理店修業。曾任職主廚12年。為了到現在的店任職，兩人同時在2014年來日。

苦味香料也能妥善運用
正統尼泊爾料理&印度料理

Himami 餐廳
Himani Restaurant

東京・東大島

　原經營旅行社的尼泊爾老闆，2006年開始開設餐廳，Himani 餐廳是他的第5家店，於2014年2月開幕。由出身於尼泊爾和印度的兩位主廚在店內大展廚藝，老闆Subedi先生表示「為了普及尼泊爾和鄰國印度等南亞料理，需納入不同國家的料理，因此任用他們兩位」。以雞肉、羊肉咖哩為首，店裡光咖哩就有30種以上，唐多里串燒料理也有10種以上。

　善用香料的尼泊爾料理，卻出乎意料地少有辣味，其特色是味道柔和。為了讓顧客能夠享受美味，提供料理時該店都有詳細地說明。「檸檬不只是隨餐附上，服務員還會在客人面前淋擠，以便讓顧客享受尼泊爾統稱為Sekuwa的烤架料理時覺得清爽可口，因為肉的膠原和維生素C一起攝取更好」主廚 Krishna 先生說明他

們講究的細節。該店位於車站前，也鄰近住宅區，所以也有許多是家庭或年長者的客人，為了儘量讓更多的顧客群都能享受咖哩，辣味還分6個等級以供挑選。

地址／東京都江東区大島9-3-12東大島メトロード III 2F　電話／03-6807-0333　營業時間／11：00〜25：00　例休日／年末年初
席數／30席　客單價／午1000日圓　晚／1500日圓

74

瑪薩拉魚

作法見下頁 →

● 瑪薩拉魚

998日圓(含稅)

尼泊爾為內陸國,因此魚咖哩在當地是較特別的料理。它主要是用當地常用的苦味香料「龍蒿」,和芫荽、孜然等一起醃漬魚。再用味道濃厚的自製香料醬汁燉煮,讓香料風味滲入魚肉中。咖哩完成後,醬汁的鮮味完美調和味道中的苦味。

材料(1人份)

旗魚 —— 100g

〈香料A〉

┌ 海鮮瑪薩拉香料粉 —— 1/4小匙

│ 芫荽粉 —— 1/4小匙

│ 孜然粉 —— 1/4小匙

│ 藏茴香籽 —— 1/4小匙

│ 薑蒜泥 —— 1/4小匙*1

└ 檸檬汁 —— 少量

洋蔥 —— 1/4個

番茄 —— 1/6個

沙拉油 —— 20cc

〈香料B〉

┌ 辣椒 —— 1根

│ 芥末籽 —— 2/3小匙

└ 藏茴香 —— 2/3小匙

〈香料C〉

┌ 海鮮瑪薩拉香料粉 —— 1小匙

│ 孜然粉 —— 1小匙

│ 芫荽粉 —— 1小匙

│ 辣椒粉 —— 1小匙

└ 胡蘆巴 —— 1小匙

水 —— 20cc

鹽 —— 約1小匙

薑蒜泥 —— 1大匙*1

水(和番茄一起放入的分量) —— 80cc

海鮮瑪薩拉香料粉中,還加入散發淡淡苦味的香草龍蒿。它常和魚類非常對味的芫荽等香料一起用於醃漬中。

檸檬汁 —— 5cc

香料醬汁 —— 50cc(參照P82)

〈裝飾配料〉

番茄(切半月片)┐

生薑(切絲) ├—— 各適量

芫荽 ┘

*1 薑蒜泥

●作法

蒜泥、薑泥各300g、沙拉油2小匙、鹽1小匙混合而成。是該店常備的調味料。

作法

1　旗魚事前處理好。旗魚切成一口大小，塗上〈香料A〉醃漬6小時備
　　用 。

2　洋蔥和纖維呈垂直切碎。番茄切小塊。

3　在鍋裡用中火加熱沙拉油，放入〈香料B〉，香料散出香味後，加洋
　　蔥拌炒 b。

4　洋蔥炒到呈黃褐色後，轉小火，放入1的旗魚。

5　加熱至魚的表面泛白後，轉中火放入〈香料C〉，拌炒讓魚裹上香料
　　c。

6　加水20cc，煮到水分蒸發 d。

7　加鹽、薑蒜泥充分拌炒。

8　加番茄和水80cc。

9　加檸檬汁和香料醬汁煮沸一下 e。

10　盛入容器中，放上裝飾配料。

羊肉咖哩

880日圓（含稅）

羊肉咖哩是以尼泊爾為首，及南亞各國的大眾化咖哩。料理中加入氣味芳香獨特的肉桂，和有濃郁甜味的丁香，味道濃厚。丁香和肉桂是尼泊爾羊肉咖哩中不可或缺的香料，香料能調和羊肉的獨特腥羶味。為了平衡味道，主廚還費心加入優格、番茄等具有酸味的食材。

材料（5人份）

羊肉 —— 500g

洋蔥 —— 500g

沙拉油 —— 50cc

薑蒜泥 —— 20g

鹽 —— 1.5小匙

原味優格 —— 100g

水煮番茄 —— 200g

〈香料A〉

薑黃 —— 1.5小匙

卡宴辣椒粉 —— 1.5小匙

孜然粉 —— 1.5小匙

〈香料B〉

肉桂 —— 1根

丁香 —— 2小匙份

小荳蔻 —— 2小匙份

水 —— 120cc

〈裝飾配料〉

薑絲、芫荽葉 —— 各適量

羊肉含有許多硬油脂，殘留這些油脂會散發羊羶味破壞美味。所以重點是在烹調前處理階段就要徹底剔除。

為了呈現濃厚的味道，使用原狀的肉桂、丁香和小荳蔻（圖右）。原狀香料的香味較持久。

作法

1　羊肉切成一口大小。洋蔥和纖維垂直切碎。

2　平底鍋以中火加熱，倒入沙拉油用大火拌炒洋蔥直到呈黃褐色 。

3　轉中火，加薑蒜泥、羊肉和鹽拌炒 。

4　肉變白後，加原味優格和水煮番茄，與肉混合後加〈香料A〉，用小火稍煮讓整體融合。

5　直接用小火，加入〈香料B〉和水，轉中火煮沸。加蓋用小火燉煮15分鐘 。

6　在容器中盛入1人份的分量，放上裝飾配料。

雞肉串燒（Chicken sekuwa）

594日圓（含稅）

這道是鎖住肉鮮味的唐多里（Tandoori）窯烤雞肉「Sekuwa（串燒）」。使用嗆辣刺激的山椒製作。在尼泊爾只有少數民族的塔卡利族（Thakali）經常使用山椒。這道料理似乎後來傳至鄰國中國西部的四川省周邊。其特色是肉質烤得很濕潤，肉上沒什麼烤色，非常的豐潤多汁。雞肉的美味和山椒刺激味讓人一吃上癮。

材料（5人份）

雞腿肉 —— 80g

孜然粉 —— 1/2小匙

芫荽粉 —— 1/2小匙

薑黃 —— 1/4小匙

辣椒粉 —— 1/4小匙

瑪薩拉綜合香料 —— 1/4小匙份*1

花椒 —— 1小撮

檸檬汁 —— 1小匙

薑蒜泥 —— 1大匙（參照P76）

鹽 —— 1/2小匙

*1 **瑪薩拉綜合香料**
用磨碎的肉桂、丁香、小荳蔻和
八角混和而成。

作法

1　在鋼盆中放入切成一口大小的雞肉和其他所有材料，充分混合後約
　　靜置15分鐘備用  。

2　用鐵籤串刺雞肉後，放入唐多里泥窯中燒烤。以200℃約烤9分鐘
　　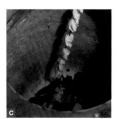 。

3　烤好後，抽掉鐵籤盛入容器中，佐配沙拉和檸檬。

memo
▼溫度和烘烤時間，依唐多里泥窯的狀況而有變動。供應雞肉時抽掉鐵籤，佐配
沙拉和檸檬。

「Himami 餐廳」的常備醬汁

該店料理中不可或缺的是自製香料醬汁。1天最多要製作50客份的料理，所以每2～3天就要準備一次。

香料醬汁

材料

〈材料A〉

- 洋蔥（切大塊）—— 30kg
- 水 —— 4ℓ
- 沙拉油 —— 1.2ℓ
- 孜然籽 —— 50g
- 鹽 —— 5小匙
- 薑黃 —— 2.5小匙
- 原狀瑪薩拉綜合香料 —— 70g *1

沙拉油 —— 2.2ℓ
原狀瑪薩拉綜合香料 —— 50g 份*1
胡蘆巴 —— 2小匙
薑蒜泥 —— 60g（參照P76）
紅椒粉 —— 4大匙
水煮番茄（用果汁機攪碎）—— 4kg
鹽 —— 4大匙
芫荽粉 —— 4大匙
孜然粉 —— 3大匙
薑黃 —— 3大匙
瑪薩拉綜合香料 —— 1大匙
卡宴辣椒粉 —— 1大匙
腰果醬 —— 1kg *2

作法

1 在大鍋中放入所有的〈材料A〉，煮1小時。放涼後用果汁機攪碎備用。
2 在別的鍋開大火加熱沙拉油。
3 轉中火，放入原狀瑪薩拉綜合香料和胡蘆巴，加熱到散出香味。
4 轉小火，加薑蒜泥煮到呈褐色為止。
5 極轉小火，加紅椒粉和水煮番茄，轉大火充分混合。
6 表面浮出油後，加鹽、芫荽粉、孜然粉、薑黃、瑪薩拉綜合香料和卡宴辣椒粉。
7 在6中加入1和腰果醬，用小火煮2小時。

*1 原狀瑪薩拉綜合香料

● 材料（以比例表示）

小荳蔻 —— 10
丁香 —— 10
孜然 —— 10
肉桂 —— 10
辣椒 —— 2
八角 —— 1
印度月桂葉 —— 1

*2 腰果醬

在大量的水中浸泡腰果1小時。取出腰果，用水淘洗後，瀝除水，用果汁機攪碎。

業主兼主廚
增田泰觀先生
22歲開始進入印度料理的世界。在印度料理老店「Ajanta」修業後，開設本店。自2011年起加入「Love India」組織，成為酷愛印度料理的日本主廚集團的一員。

粉絲日增的知名道地印度風味店。
講究自行加工辛香料

印度料理 Sitar
Rahi Punjabi Kitchen

千葉・檜見川

曾在日本的印度料理餐廳修業的主廚，於1981年開設印度料理Sitar。它是一家歷經30多年，顧客仍大排長龍、稱霸業界的知名店。該店的香料從仔細調配、焙炒、石臼碾磨作業到靜置熟成等，都是自行加工製作。主廚一方面改良成適合日本人的口味，一方面仍尊崇源頭的印度風味。每年主廚造訪印度各地數回，考察當地的農場和流行趨勢，以納入日常的菜單和季節菜單中。日本人不太熟悉的酸豆，他自印度以塊狀進口。為了在咖哩也能直接使用酸豆泥，飲品中能運用酸豆汁，主廚花了一年時間不斷嘗試實驗，終於加工製成能輕鬆使用的酸豆泥和汁。

店內還設有正統的唐多里泥窯，所以也提供現烤的唐多里烤雞和印度烤餅等。從使用北印度特有的鮮奶油及奶油等乳製品的奶油雞肉，到具有清爽辣味特色的南印度豆咖哩和蔬菜咖哩等，該店光是咖哩料理就多達15種以上，豐富多樣。女店員穿著民族服飾服務等，整家店洋溢著能讓人深刻體嘗印度文化的氛圍。

地址／千葉縣千葉市花見川區檜見川町1-106-16-1F　電話／043-271-0581　營業時間／11：30～22：00（L.0.21：00）
例休日／除每月最後一日和元旦外，全年無休　席數／28席　客單價／午1500日圓 晚2300日圓

● 南印度魚咖哩

南印度面海，因此當地有許多海鮮料理。那裡的定番旗魚咖哩，裡面的豆科植物酸豆是決定味道好壞的關鍵。料理散發出酸豆果肉的酸味與番茄的清爽風味。主廚使用香味濃厚的印度產香料，食用後能留下舒暢的香味。茄子和番茄非常對味，配料豐富也是它誘人之處。這裡介紹的菜色，是主廚將店內一部分菜色稍做變更的新提案。

作法見下頁 ⟶

烘烤印度烤餅的唐多里窯是該店30年前進口的。使用嚴選的高級麵粉和沖繩鹽「生命之鹽」製作的印度烤餅，更添美味度。

享受咖哩　桌上調味料

印度泡菜（Achar）（左）是醃漬辣洋蔥，可作為咖哩、米飯的重點配菜。印度酸甜醬（Chutney）（右）是味道酸甜的芒果醬，用印度烤餅沾食，還有享受甜點的感覺。

● 南印度魚咖哩

材料（5盤份）

沙拉油 —— 200cc

〈原狀香料〉

- 黃芥末 —— 5g
- 紅辣椒（乾）—— 5根
- 月桂葉 —— 5片
- 茴香 —— 2g
- 孜然 —— 2g

洋蔥（切薄片）—— 300g

鹽 —— 約30g

蒜泥 —— 20g

薑泥 —— 20g

茄子（約15cm長／切丁）—— 3根

青椒（縱橫分切8塊）—— 3個

〈粉狀香料〉

- 辣椒粉 —— 4g
- 薑黃 —— 20g
- 芫荽粉 —— 30g

酸豆醬 —— 30g

無鹽番茄汁 —— 200cc

整顆番茄（浸泡番茄汁）—— 400g

椰奶 —— 全量*1

水 —— 600cc

旗魚（2cm小丁）—— 800g

奶油 —— 20g

芫荽葉 —— 適量

充分拌炒粉狀香料，以消除粉粒感。原狀香料大多採用繖形科香料，來表現豐富的香味。

散發濃厚酸味的「酸豆醬」，酸豆採自南印度安德拉省（Andhra Pradesh）州，日本進口後再加工製成。

*1 椰奶

● 材料

椰子粉（粉狀） 50g

水 700cc

● 作法

1 在鍋裡加水，用大火煮沸後，放入椰子粉。

2 用中火約煮5分鐘，熄火後讓它稍涼。

3 在果汁機中放入2，約攪打2分鐘，倒入鋼盆中備用。果汁機的蓋子用布用力按住，注意勿讓熱氣噴出。

作法

1　在鍋裡倒入沙拉油加熱。

2　放入黃芥末，加蓋用中火加熱。發出啪滋聲後即熄火，待停止油爆為止。

3　再開小火加熱，放入紅辣椒和月桂葉，慢慢加熱至呈褐色為止 。

4　放入茴香和孜然拌炒 。

5　放入洋蔥全量和鹽半量，用中火拌炒。

6　洋蔥拌炒到開始變黃褐色後，放入大蒜和生薑 。

7　炒到大蒜和生薑的香味調和後，放入青椒和茄子稍微拌炒。

8　依序加入〈粉狀香料〉的辣椒粉、薑黃和芫荽拌炒 。

9　再依序放入酸豆醬、番茄汁、碾碎的整顆番茄、事前調好的椰奶，加水用大火煮沸 。

10　轉中火，放入旗魚後，再加奶油和剩餘的鹽 ，加蓋用小火約煮15分鐘。經過約10分鐘後，視加熱的情況，調整之後的燉煮時間 g 。

11　魚熟透後確認味道。若不夠鹹，加鹽調整。

12　盛入容器中，放上芫荽葉。

memo

▼為了讓魚肉完成後不碎爛，要儘速離火。

▼主廚收到點單後，才取所需量放入小鍋中，以小火加熱。

▼米飯盛入其他容器中，主廚建議在一口口飯上分別淋上咖哩享用。

● 印度香料湯

它可說是南印度地區具有媽媽味的特色料理。是一道洋溢酸豆與番茄酸味的湯品，食材中使用泥狀的去皮印度產綠豆仁，完成後口感滑潤、風味豐富。主廚加入充分烤過的大蒜，香味更濃郁，胃口不佳時也能暢快享用。這道料理和該店原供應的香料湯不同，也是新設計的配方。

材料（5人份）

綠豆仁 —— 全量*1

無鹽番茄汁 —— 500cc

水 —— 1000cc

鹽 —— 約15g

沙拉油 —— 40cc

無鹽奶油 —— 20g

〈粉狀香料〉

- 粗磨黑胡椒 —— 2g
- 孜然粉 —— 2g
- 薑黃 —— 2g
- 阿魏 —— 微量

〈原狀香料〉

- 紅辣椒 —— 2根
- 黃芥末 —— 2g
- 大蒜（切末）—— 5g
- 酸豆醬 —— 10g

芫荽葉 —— 適量

阿魏是為繖形科植物，以其根、莖萃取出的樹脂液製成阿魏這種無添加香料。該店將無阿魏特有濃烈臭味的香料塊磨碎後使用。

*1 綠豆仁

剔除綠豆皮，分切成兩半的綠豆仁容易煮透。是也適合素食者食用的方便食材。

●烹調前處理

1　綠豆仁50g用流水稍微清洗。連同水1ℓ放入鍋中，用大火煮沸後，轉中火燉煮。

2　煮到湯汁收乾，豆仁呈粥狀後，熄火稍微放涼。

作法見下頁 ➡

作法

1　在果汁機中放入事先處理好的綠豆仁和番茄汁，約攪拌2分鐘  。

2　將1倒入鍋裡，加水後用大火煮沸  。

3　加鹽，調整大致的鹹味，暫時熄火。

4　平底鍋用中火加熱，倒入沙拉油半量和奶油半量，放入〈粉狀香料〉迅速拌炒  。

5　將4放入3的濃湯中。

6　平底鍋用小火加熱，放入剩餘半量的沙拉油和奶油，放入紅辣椒和芥末，待芥末開始油爆  。

7　油爆濺彈結束後放入大蒜，充分拌炒到呈褐色為止  ，加入3的濃湯中。

8　濃湯煮沸後，最後加入酸豆醬充分混拌  。再調整鹹味。

9　盛入容器中，放上芫荽葉。

memo

▼拌炒香料類調味時，在平底鍋裡會黏附含油的美味汁液，要用湯汁一面融解，一面全加入濃湯中。

● 檸檬炒飯

作法見下頁 →

● 檸檬炒飯

這是主廚新設計適合搭配咖哩的炒飯。雖然料理以檸檬為名,不過這道料理在印度大多使用萊姆,和日本使用的檸檬不同。印度特有的長粒米印度香米,在印度原名具有「香味女王」的意涵,誠如其名它的香味幾乎能作為調味料般的美味。炒飯中還加入萊姆清爽的風味,和咖哩的辣味與厚味非常對味。辣椒和芥末的重點嗆辣風味也很美味。

材料(4人份)

印度香米 —— 400g

無鹽奶油 —— 40g

水 —— 1000cc

沙拉油 —— 40cc

腰果(已分半)—— 30顆

黑豆(去皮)—— 10g

〈原狀香料〉

┌ 黃芥末 —— 10g

│ 紅辣椒 —— 3根

└ 月桂葉 —— 2片

生薑(切末)—— 15g

鹽 —— 10g

青辣椒(切末)—— 3根

〈粉狀香料〉

┌ 薑黃 —— 5g

└ 阿魏 —— 1/2小匙

葡萄乾 —— 40顆

萊姆汁 —— 60cc

芫荽葉 —— 適量

屬長粒米的印度香米是具有獨特香味的高級品種。這種米富含澱粉,煮好後不軟黏,口感輕盈。

黑豆是製作豆芽的原料。去除黑皮,分割成兩半成為黑豆仁。炒香後能作為炒飯的重點風味。

作法

1 米以流水清洗後，用濾網瀝除水分。

2 鍋子以中火加熱，放入奶油煮融後放入米，一面混合，一面稍微拌炒 。

3 加水混拌一下後加蓋炊煮。

4 最初用中火煮，煮沸後轉小火，經12分鐘後開蓋，察看炊煮的情形，若水分太多再煮3分鐘。

5 平底鍋用中火加熱，放入沙拉油，再放入腰果。腰果開始變褐色後，轉小火，炒到整體都變褐色時，保留油，只取出腰果 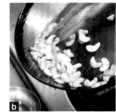。

6 在平底鍋中放入黑豆，和炒腰果同樣用小火拌炒，只取出黑豆 。

7 米飯煮好後，保持加蓋約燜5分鐘 。

8 將米飯倒入鋼盆中備用。

9 在平底鍋中放入芥末，用中火加熱，加蓋讓芥末彈濺。

10 放入紅辣椒，用小火拌炒到呈褐色為止。

11 放入月桂葉和生薑，炒到散發香味為止 。

12 放入鹽、青辣椒、薑黃、阿魏和葡萄乾拌炒一下。最後加入萊姆汁 。

13 將12所有材料均勻放到8的米飯上，再放入腰果和黑豆。

14 用杓子等如切割般混拌，讓整體都染成黃色 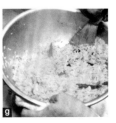。

15 盛入盤中，放上芫荽葉。

memo

▼印度的煮飯方式和日本不同，印度是用大量的水炊煮。他們不像日本的習慣吃熱米飯，但是他們也不愛完全涼掉的米飯，印度人喜歡米飯淋上咖哩用手取用時不燙手的適當溫度。

▼腰果也可以用花生取代。沒有萊姆汁時，用檸檬汁也行。

業主兼主廚
市原健一先生

曾任職於服飾公司，26歲時進入咖哩店工作一年，在有機咖啡館工作7年後，前往咖哩的源頭印度和斯里蘭卡旅行，對當地食堂的美味等印象深刻，也精通深奧的異地文化。

南印度為基底的咖哩咖啡館。
具獨特世界感的新型態

ANJALI

東京・下北澤

　有機咖啡館出身的業主市原先生，於2014年開設了本店。店名ANJALI在梵語中是「合掌」之意，為印度佛教的禮拜手勢。在他不斷摸索想自行開店時期，曾造訪南印度，在那裡他對南部地區「少用油的清爽料理」的獨特美味留下深刻的印象。基於當地的烹調法、本身的有機知識，以及至今在餐廳累積的經驗等，主廚以南印度料理為基礎，提供獨創的咖啡館咖哩。

　為了充分活用每種香料的香味與辣味，該店的特色是咖哩中儘量減少香料的種類，在全部13種香料中，每種咖哩僅嚴選5種使用。包括每天更換的咖哩，午餐共提供5種肉、魚、蔬菜維持均衡的印度咖哩。店內裝潢絲毫沒有印度風味，包括餐桌、小飾品等，以主廚私人物

品和美式限量商品為主。店內一部分的容器很講究地委託陶藝家製作，根據主廚在斯里蘭卡所見留下的印象，製作出獨創的葉形餐盤及素燒容器等。該店也會參與活動到戶外擺攤，讓ANJALI風味咖哩更廣受大眾喜愛。

地址／東京都世田谷区北沢2-15-11 センヤビルB1F　電話／03-5787-6622　營業時間／平日12：00～15：00 18：00～22：00
週六、日、節日12：00～16：00 18：00～22：00　例休日／週三　席數／8席　客單價／午1000日圓 晚1500日圓

● 酸豆魚咖哩

1000日圓（含稅）

這是散發酸豆圓潤酸味的南印度魚咖哩。使用的洋蔥慢慢炒透後，碾碎直到成為糊狀，以提引出甜味。旗魚屬於味道清淡的白肉魚，適合搭配味道嗆辣的濃湯，以充分展現食材的原味。咖哩中使用刺激辛辣的生的青辣椒，清爽的辣味讓它成為百吃不厭的美味。

作法見下頁 ⟶

● 酸豆魚咖哩

材料（12人份）

沙拉油 —— 180g

褐芥末籽 —— 3小匙

孜然籽 —— 3小匙

咖哩葉 —— 1小撮

洋蔥（切片） —— 1kg

大蒜（切末） —— 40g

生青辣椒（切末） —— 30g

生薑（切絲） —— 40g

番茄（切小丁） —— 600g

〈粉狀香料〉

┌ 芫荽粉 —— 20g

│ 紅椒粉 —— 20g

│ 孜然粉 —— 12g

│ 薑黃 —— 8g

└ 卡宴辣椒粉 —— 4g

鹽 —— 適量

開水 —— 1ℓ

酸豆水 —— 550cc*1

椰奶 —— 全量*2

旗魚（切丁） —— 720g

生薑（切絲） —— 適量

芫荽 —— 適量

咖哩葉具有柑橘般的香味和咖哩般的香料味。以乾燥狀態使用，常用於印度咖哩中。

*1 酸豆水

● 作法

在鋼盆中放入酸豆50g和溫水500cc，壓碎酸豆後備用。

*2 椰奶

● 作法

1　在平底鍋中乾煎椰子粉40g，用小火煎烤到呈褐色為止。

2　在鋼盆中放入1，倒入能蓋過椰子粉的水（分量外），約浸泡5分鐘。

3　用果汁機攪碎。

作法

1　在平底鍋中放入沙拉油和褐芥末籽，以中火加熱。

2　芥末籽開始發出啪滋聲後加蓋。芥末籽彈濺結束後，再放入孜然籽和咖哩葉 。

3　散出香味後放入洋蔥。開大火拌炒，炒到洋蔥變透明後轉中火，慢慢拌炒到洋蔥呈黃褐色為止 。

4　放入大蒜、青辣椒和生薑，炒到散發出香味。

5　放入番茄，一面混拌，一面拌炒到水分蒸發，用木匙一面壓碎，一面充分炒到呈糊狀 。

6　轉小火，放入所有的〈粉狀香料〉。改用中火，一面充分混拌，一面注意勿炒焦，炒到材料充分融合。這時約加2小匙的鹽 。

7　一面過濾酸豆水，一面加入其中 ，煮沸一下後，分數次加入開水，充分混合。

8　煮沸後加椰奶 ，加蓋約煮15分鐘。

9　油浮出後確認水分量，放入切好的旗魚 。再加蓋約煮10分鐘。

10　用鹽調味後即完成。供應時，放上生薑絲和芫荽。

● 香料飯

晚餐 250日圓（含稅）

七分精米的米的魅力是容易食用，容易和滑潤的咖哩糊融
合。在越嚼越甜的白米中，加入有「香味之王」之稱香味
濃郁的小荳蔻，味道濃厚的丁香，以及香味高雅的月桂
葉，形成和咖哩美味相互提引的加乘效果。

材料（14人份）

日本七分精米 ── 2kg

水 ── 2ℓ

沙拉油 ── 40g

月桂葉 ── 4片

小荳蔻 ── 7顆

丁香 ── 7顆

該店使用日本栃木縣產的米，訂購的是七分精米。這種米保留糙米的養分，且能和白米一樣炊煮。

活用香料原有的香味，包括月桂葉、小荳蔻、丁香（從上開始順時鐘）等，該店的風格是不會使用太多種的香料。

作法

1 米清洗後，泡水20分鐘。

2 在小平底鍋裡加熱沙拉油，放入所有香料拌炒 。

3 香料撒在已加油泡水的米中炊煮 。在該店是用飯鍋炊煮15分鐘，燜15分鐘。

每天更新的人氣咖哩午餐

每天更新的午餐咖哩套餐
900日圓～

從5種咖哩和每天更新的咖哩中選擇1種。雖然咖哩的種類有變化，但是套餐都附有豆粉印度脆餅、副菜和沙拉。此外，也備有胡蘿蔔沙拉和辣燉紅薯等印度式涼拌菜和燉菜。

代表
Hari om先生

出生於印度的新德里。10多歲
時開始在祖父的店「Sialkoti」工
作。之後曾在飯店餐廳任職，
於1985年來日，擔任印度料理
店的料理長。1998年開設「印
度家庭料理RAANi」。

有益健康讓人每天都想食用
食材講究的印度家庭料理

印度家庭料理 RAANi

RAANi

神奈川・橫濱

Hari om 先生誕生於世代皆為廚師的家庭，
自年少起就與料理結下不解之緣。他在飯店高
級餐廳累積經驗，拿手的料理更多元化後，他
卻選擇開設提供「理想印度料理」的「家庭料
理」。「家庭料理是吃再多體重也不會增加，吃
完一會兒就消化光，有益健康的料理。」（Hari
om 先生表示）。他以即使餐餐吃也不會有負擔
的健康料理為目標，研發出獨創的食譜。

此外，他很重視食材，香料類都從印度直接
進口新鮮產品。不使用冷凍肉類，只用新鮮的
日產肉。他還提倡慢食的觀念，使用的蔬菜以
當地季節時蔬，或家庭菜園中栽種的無農藥有
機蔬菜為主。

咖哩做好後久放，香味和味道都會降低，所
以該店所有的咖哩，都是收到點單後才製作。

為了讓顧客吃到各食材不同的味道，主廚分別
運用恰當分量和種類的香料，不多做加工，讓
料理充分展現食材的原味。該店的許多粉絲客
都希望學習他的料理，主廚會定期在店內開辦
料理教室，每次都造成一位難求的盛況。

地址／神奈川県橫浜市都筑区東山田3-17-7　電話／045-591-8067　營業時間／午11：00～15：00（L.O.14：30）晚17：30～22：00（L.O.21：30）
例休日／無休　規模／43坪・40席　客單價／午1000日圓　晚2000日圓

● 雞肉咖哩

1350日圓（含稅）

以雞肉為主材料的咖哩是最基本的咖哩之一。在該店的正
式菜單中，雞肉咖哩是屬一屬二的人氣商品。為了充分展
現咖哩的美味，該店不是事先將咖哩做好備用，而是收到
點單後，才從表現香味的炒香料開始作業。這是該店為搭
配印度烤餅和米飯所開發出的食譜，所以也可加入鮮奶油
給孩子享用。該店所用的「Bayleef」一般認為和「Laurel」
一樣是指月桂葉，不過它的甜味更濃。沒有「Laurel」時用
它代替時需謹慎。

作法見下頁 →

● 雞肉咖哩

材料（5～6人份）

雞胸肉 —— 500g

洋蔥 —— 150g

番茄 —— 200g

大蒜 —— 3瓣

生薑 —— 20g

沙拉油 —— 50cc

月桂葉（Bayleef） —— 2片

〈香料〉

　　紅椒粉 —— 1大匙

　　薑黃 —— 2小匙

　　卡宴辣椒粉 —— 1小匙

　　瑪薩拉綜合香料 —— 1小匙

鹽 —— 2大匙

水 —— 500cc

菠菜 —— 適量

作法

1　雞肉切成一口大小。將洋蔥、番茄切碎。

2　在平底鍋中放入沙拉油和月桂葉，拌炒到散出香味為止 。

3　在2中加入切末大蒜，拌炒到呈黃褐色為止。再依序加入切末的生
　　薑、洋蔥拌炒 。

4　洋蔥用小火慢慢炒軟，加香料和鹽。用小火拌炒到整體融合 。

5　整體中的香料混勻後，加番茄用小火拌炒。

6　番茄拌炒到成為糊狀後，加雞肉拌炒 。

7　煮到水分收乾後，加水混拌，用大火加熱。再次煮沸後，加蓋用小
　　火燉煮。

8　熬煮到剩下一半量後 ，倒入容器中，裝飾上切絲菠菜。

memo

▼步驟4是拌炒到洋蔥水分收乾、變軟的程度。這個食譜
的設計是即使洋蔥沒有長時間拌炒到呈褐色為止，也能
充分展現美味。

▼在步驟6中，為了避免煮焦，也可加少量水以小火慢慢
熬煮。

馬鈴薯咖哩

這道是短時間就能完成，以外形渾圓、一口大小的馬鈴薯為主角的簡單咖哩。平時該店並沒有供應這道料理，不過在定期舉辦的料理教室中介紹時，受到一致的好評。也適合孩子食用，是北印度人民早餐常吃的咖哩。它和印度薄餅和米飯也非常合味。香料中添加的「胡蘆巴葉」，是富含礦物質和維生素的香草，它帶苦味的味道具有形成厚味的效果。

材料（5〜6人份）

馬鈴薯 —— 500g
洋蔥 —— 100g
番茄 —— 200g
生薑 —— 25g
沙拉油 —— 50cc
水 —— 700cc

〈香料〉
┌ 孜然籽 —— 1大匙
│ 薑黃 —— 1大匙
│ 紅椒粉 —— 2小匙
│ 卡宴辣椒粉 —— 1小匙
│ 瑪薩拉綜合香料 —— 1小匙
└ 葫蘆巴葉 —— 1小匙
鹽 —— 2小匙
菠菜 —— 適量

作法

1　馬鈴薯切成一口大小，泡水備用。洋蔥切片備用、番茄切大塊、生薑切絲。

2　在鍋裡倒入沙拉油加熱，一面以中火炒孜然籽直到散出香味，一面留意勿炒焦 **a**。

3　加生薑稍微拌炒，散出香味後加洋蔥再拌炒 **b**。

4　洋蔥炒軟後，加入剩餘的香料和鹽混勻整體 **c**。

5　依序加入番茄、馬鈴薯後拌炒整體 **d**，加水、加蓋，以大火加熱。煮沸後轉小火，以加蓋的狀態燉煮 **e**。

6　共計燉煮15分鐘，盛入容器中，裝飾上切絲的菠菜。

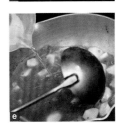

---

memo

▼在步驟4時為避免煮焦，也可以加少量的水（分量外）稍微燉煮。

▼最後燉煮時，保留番茄和馬鈴薯外形，煮到稍微濃稠即完成。食譜的分量約煮15分煮。依材料和火候加以調整。

● 烤蝦咖哩

6P・2200日圓（含稅）

這道是用多種香料醃漬大隻草蝦後再香煎，略顯豪華的單
點料理。該店一般是以使用炭火的唐多里窯來燒烤，不過
為了方便製作，這次介紹的是用平底鍋煎烤的食譜。這道
料理也可以變化成用火直接烘烤的BBQ風格。該店購買帶
殼蝦，在店裡才去殼，使蝦子風味大幅提升。這道料理也
可以改用魚類來製作。

材料（6隻份）

蝦（草蝦）—— 大6條

沙拉油 —— 5cc

大蒜 —— 適量

生薑 —— 適量

※大蒜、生薑磨泥後混合使用1大匙

〈香料〉

  紅椒粉 —— 1小匙

  薑黃 —— 1/2小匙

  藏茴香 —— 1/2小匙

  瑪薩拉綜合香料 —— 1/2小匙

  卡宴辣椒粉 —— 1/2小匙

鹽 —— 1小匙

葉菜 —— 適量

檸檬 —— 適量

作法

1　去除蝦的蝦殼和背腸，洗淨。大蒜、生薑磨碎，以等比例混合。

2　將1放入鍋盆中，加入所有的沙拉油、香料和鹽混合 **a**。放入冷藏庫靜置30分鐘以上備用 **b**。

3　加熱平底鍋倒入沙拉油（分量外），用小火加熱 **c**。

4　放入蝦子單面煎熟後，將蝦子翻面再煎另一面 **d**。完成時淋上切末菠菜，盛入容器中。佐配上葉菜和檸檬。

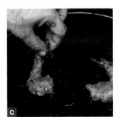

memo

▼在步驟3為避免煮焦，也可以加少量水、加蓋燜煎。

業主兼主廚
和田直樹先生

主廚在六本木的「Le Bourguignon」、代官山「Le jeu de l'assiette」等著名法國料理店,修業長達10多年的時間。他希望讓高門檻的法式料理更加親民,在2009年時開設這家法式咖哩店。

凝集正統法式烹調技法的
新感覺咖哩和香料料理贏得超人氣

法式咖哩　湯匙
French curry SPOON

東京・西荻窪

　提到「法式咖哩」或許有人會想到味道濃厚的歐風咖哩。但是,主廚和田直樹先生製作的咖哩醬汁,完全不使用奶油、麵粉和一般所說的奶油麵糊,而是以仔細熬煮的小牛肉高湯為基底。在此高湯的鮮味中,活用保留顆粒感的香料的新鮮感覺以及番茄的酸味等,完成的咖哩清爽得令人驚奇。此外,搭配這個咖哩的五穀飯主廚刻意煮得稍硬,這樣顧客必然會好好咀嚼,隨著每次咀嚼香料會散發出香味。經過如此縝密計算製作出的「法式咖哩」,贏得一致好評,使該店成為天天都大排長龍的人氣店。

　該店的魅力不只有咖哩。咖哩上桌前的前菜全是正統的法式料理,葡萄酒的種類也很豐富。如法式小酒館般的店內氣氛適合小酌一番,又能用咖哩填飽肚子。繼西荻窪店之後,主廚在2014年又開設了阿佐谷店,這家店法式小酒館風格更鮮明,緊抓住偶然造訪的女性顧客的心。

※ 拍攝地點為阿佐ヶ谷店

地址／東京都杉並区松庵3-38-19リヴェール西荻1A　電話／03-5941-6733　營業時間／11：30～15：30（L.O.）18：30～23：00（L.O.）
例休日／週二　規模／8坪・11席　客單價／午1200日圓　晚2000～3000日圓

● 塞特風味 烏賊絞肉咖哩

曾在法國修業的主廚這次為我們設計的
料理，是以南法港都塞特（Sète）的鄉
土料理為主題的烏賊絞肉咖哩。其特徵
是烏賊用番茄炒煮後，為保留獨特口
感，攪打成粗末。搭配的米飯是風味絕
佳的奶油飯。光是這樣就十分美味，再
加入香料蒜味美奶滋享用，咖哩風味將
更上層樓。

作法見下頁 ⟶

● 塞特風味烏賊絞肉咖哩

材料（5盤份）

絞肉咖哩

劍尖槍烏賊（Loligo edulis）—— 3尾

鹽 —— 少量

橄欖油 適量

大蒜（切末）—— 2瓣

洋蔥（切末）—— 2個份

白葡萄酒 —— 100cc

番茄罐頭（切丁）—— 500g

百里香 —— 3～4支

鮮奶油 —— 300g

奶油飯

米 —— 2杯

綜合雜糧（泡水還原）—— 75g

奶油 —— 50g

洋蔥（切末）—— 50g

鹽 —— 少量

雞高湯 —— 3杯

香料蒜味美奶滋 —— 適量*1

巴西里（切末）—— 適量

作法

1 將烏賊的腳拉出，去除內臟、軟骨和眼睛，用水清洗後，身體切成環形片 。和腳一起用紙巾等擦乾水分，用鹽調底味。

2 在平底鍋中加熱橄欖油，用大火香煎1的烏賊，兩面煎成均勻的焦黃色 。

3 烏賊煎出焦黃色後取出，添加橄欖油，放入大蒜拌炒，散出香味後加洋蔥 ，洋蔥炒到變熱後火轉小，繼續炒煮。

4 洋蔥變濃稠後加白葡萄酒，轉大火讓酒精蒸發 d。

5 酒精蒸發散出香味後，加入番茄罐頭，放回取出的烏賊，加百里香燉煮20分鐘 e。

6 取出燉煮好的烏賊和百里香。在食物調理機中放入烏賊，攪打數次讓它成粗末 f。

7 　將6倒回5中，加鹽調味。加鮮奶油混合使整體融合。到此烏賊絞肉
　　咖哩即完成  g 。

8 　製作奶油飯。用奶油拌炒洋蔥，洋蔥炒軟後加鹽調味，再加米拌炒
　　 h 。

9 　米炒熱後加入泡水還原的綜合雜糧拌炒 i ，加入加熱的雞高湯 j ，
　　約炊煮10～15分鐘即完成。

10 在容器中盛入9的奶油飯、7的羊肉咖哩，裝飾上碎巴西里末。上桌
　　時佐配香料蒜味美奶滋。

---

memo

▼烏賊放入食物調理機中打碎，不僅能保留口感，還能和番茄醬融合。

---

*1 香料蒜味美奶滋

● 材料

蛋黃 —— 2個

橄欖油 —— 200cc

鹽 —— 適量

大蒜（磨碎） —— 20g

檸檬汁 —— 15g

〈香料〉

  芫荽粉 —— 5g

  奧勒岡粉 —— 1g

  孜然粉 —— 6g

  薑粉 —— 2g

  薑黃粉 —— 5g

  紅椒粉 —— 2g

蒜味美奶滋是南法料理常見的醬料。這裡是在南法大眾化的番茄燉烏賊中，加入一匙蒜味美奶滋，具有變化咖哩味道作用。也適合用在馬賽魚湯等的燉煮海鮮料理中。

● 作法

1 　蛋黃中一面慢慢加入少量橄欖油，一面用打蛋器攪拌混合，加鹽調味，混成細滑的美奶滋狀。

2 　在1中加入蒜泥和檸檬汁混合，也加入香料調成咖哩風味。

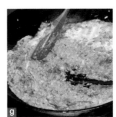

● 米沙拉
香料油風味的
香煎干貝

這道適合夏季的前菜沙拉，是散發清爽酸味的米沙拉，配上香煎干貝。為避免炒焦，以橄欖油慢慢拌炒香料製成的「香料油」，是決定味道的關鍵。香料包括孜然、小荳蔻、羅勒等。透過拌炒能突顯香料的香味。香料油不只能運用在海鮮中，也很適合用來增加咖哩和濃湯的風味。

材料

米沙拉

米 ——— 1杯

小黃瓜 ——— 1/2根

番茄 ——— 1/3個

紫洋蔥 ——— 1/8個

紅、黃椒 ——— 各1/4個

青椒 ——— 1個

黑橄欖（水煮過）——— 10個

鮪魚罐頭（油漬）——— 1/2罐

酸豆 ——— 2大匙

鹽、黑胡椒 ——— 各適量

檸檬汁 ——— 1/2個份

EXV.橄欖油 ——— 適量

完成用（2盤份）

米沙拉 ——— 湯匙3匙

新鮮干貝（生食用）——— 4個

鹽 ——— 少量

大蒜（切末）——— 少量

香料油 ——— 適量*1（參照P114）

橄欖油 ——— 適量

清炸無刺豬毛菜（Salsola komarovii）

食用花

蘿蔔嬰

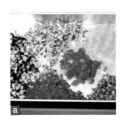

作法

1　製作米沙拉。小黃瓜切成約5mm的小丁。番茄用熱水氽燙，挖除種子，切成約5mm的小丁。紫洋蔥、彩色甜椒和青椒，切成更細一點的粗末  。黑橄欖切薄片。

2　在鍋裡煮沸熱水，放入少量鹽，放入米約煮10分鐘。煮好後放在濾網上，用水清洗後，瀝除水分  。

3　米充分瀝除水分後倒入鋼盆中，加入1的蔬菜充分混合，再加入鮪魚、瀝除水分的酸豆後混合 c 。

接續下頁 ➡

4　3用鹽、黑胡椒、檸檬汁和EXV.橄欖油調味，放入冷藏庫冷藏備用 。

完成

5　製作香煎干貝。新鮮干貝去除邊端較硬的部分，兩面用鹽調底味。用紙巾擦乾釋出的水分 。

6　在平底鍋中加熱橄欖油，放入5的扇貝柱香煎。在鍋邊炒大蒜和香料油，與干貝混拌即熄火 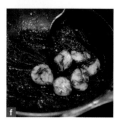。

7　在容器中盛入4的米沙拉和香煎干貝，裝飾上清炸無刺豬毛菜、食用花和蘿蔔嬰，佐配香料油和巴薩米克醋。

*1 **香料油**

● 材料

孜然粉 ─── 10g

小荳蔻粉 ─── 5g

羅勒粉 ─── 8g

卡宴辣椒粉 ─── 2g

芫荽粉 ─── 10g

薑黃粉 ─── 8g

橄欖油 ─── 適量

● 作法

在平底鍋中混合香料，用小火慢慢拌炒，勿炒焦，散發香味後即熄火，加入橄欖油充分混勻。

加橄欖油使溫度下降，以免香料過度加熱。香料油約可保存1週時間，事先製作需用時很方便。經過短暫時間油和香料會充分融合。

「湯匙」的人氣料理

看板菜單是人氣爆表的「法式咖哩」。
此外，還能享受高級的法式前菜和葡萄酒。

法式咖哩

930日圓（含稅）
以小牛肉高湯為基底，加入香料和番茄燉煮後，放入
冷藏庫靜置3天時間。最後加入保留口感的洋蔥和香
料。在清爽、濃厚的咖哩醬汁中，雜糧米的口感與牛
肉的鮮味融為一體，成為讓人一吃上癮的美味。

法式咖哩的5樣配菜。能依
客人喜好客製化。起司可
換成焗烤起司。依不同的季
節時蔬，有15～19種以上的
清炸蔬菜，深獲女性顧客好
評。
（自左上起／增量滷牛肉
260日圓、水菜110日圓、溫
泉蛋110日圓、起司110日
圓、蔬菜300日圓）

法式蝦咖哩

1290日圓（含稅）
乳脂狀醬汁是使用甜蝦製作的美式龍蝦醬（Sauce
américaine）。使用甜蝦的頭和尾，經3小時慢慢拌炒
提引出香味和味道。為活用蝦子的風味，奶油飯中還
混入香料。

左／冷製　厚味白肝

950日圓（含稅）

右／番茄慕斯和檸檬凍

790日圓（含稅）
活用食材味道的單點料理和各式葡萄酒也是該店魅力。紅
白葡萄酒各有7～8種，以玻璃杯享用。番茄慕斯在番茄和
檸檬的酸味中，還加入煙燻干貝作為重點。豐嫩的白肝也
極富人氣。

主廚
Maikeru liyou wii hen
先生（圖左）

出生於馬來半島南部柔佛州
的馬來西亞人。在日本定居16
年。不只在馬來西亞料理店，
在中華料理店也有很長的主廚
經驗，也擅長製作烤雞、烤鴨
等的中華料理。

還備有50種馬來西亞小吃料理
「使用當地風味香料」充滿魅力！

Malay Kampung

東京・八丁堀

店名「Malay Kampung」，是「馬來西亞的故鄉」的意思。「我們希望傳遞故鄉的美味」該店名是馬來西亞人的店主所取。該店提供馬來西亞的沙嗲、雞肉炒飯、馬來西亞炒飯（Nasi Goreng）、蝦醬炒空心菜、腐乳炒菠菜等小吃料理約50種。其中約有10種屬於咖哩料理。馬來西亞料理中原本就有許多咖哩味的菜色。除了搭配米飯一起食用的咖哩外，麵料理的調味料中有使用咖哩粉，以及雞、魚的油炸物的調味中也加入咖哩粉。因此，該店的雞肉咖哩、炒米粉、香料炒烏賊等各式各樣的料理中都有用咖哩粉。有許多料理以咖哩粉作為調味料，但名稱上並沒有咖哩二字，像這樣只利用香料豐富的香味的烹調法，是該店料理美味的祕訣。

吊飾著紅燈籠的店內呈現小吃店的風格，裝飾著紅毛猩猩海報及馬來西亞相關傳單的狹小空間裡瀰漫著居家氛圍。顧客能一面浸淫在宛如在當地旅行般的氣氛中，一面品嚐馬來西亞的在地料理。

地址／東京都中央区八丁堀1-4-8 森田ビル2F　電話／03-3537-6690　營業時間／11：00～14：00　17：30～23：00　例休日／週日
規模／13坪・24席　客單價／午850日圓 晚2500日圓

● 馬來西亞雞肉咖哩

作法見下頁 →

● 馬來西亞雞肉咖哩

900日圓（未稅）

這道是加入切塊雞肉、秋葵和馬鈴薯，味道濃厚的咖哩。料理的特色是使用大量椰子鮮奶油，椰子鮮奶油的香甜味和雞肉的鮮味充分融合，贏得顧客一致好評。其中雖然使用多達10種的香料，但因減少辣椒的辣味，所以不喜激辣咖哩的人也能輕鬆享用。在當地的小吃攤，這道咖哩會和口感酥脆、深受歡迎的「馬來西亞薄餅（Roti canai）」一起供應。

材料（20人份）

〈材料A〉

┌ 檸檬香茅 —— 1枝
│ 生薑 —— 40g
│ 大蒜 —— 20g
└ 洋蔥 —— 2個

油 —— 200cc

八角 —— 5個

肉桂 —— 2根

咖哩粉（Adabi社・肉用）

雞腿肉 —— 1.5kg

蠔油 —— 30g

鹽 —— 10g

砂糖 —— 10g

醬油 —— 10g

鮮奶 —— 1000cc

椰子鮮奶油 —— 500cc

乾辣椒 —— 1大匙*1

咖哩粉（Adabi社・魚用）—— 10g

馬鈴薯（清炸）—— 適量

秋葵（水煮）—— 適量

*1 **乾辣椒**
泡水回軟用果汁機攪打成泥備用。

雖然粉狀咖哩粉中有加肉桂和八角，不過再加入原狀香料，能夠強化獨特的香甜味。

咖哩粉是使用馬來西亞「Adabi」社的肉用咖哩粉。在食材進口店1袋（250g）大約600日圓可購得。

該店使用濃度高的椰子鮮奶油，而非椰奶。印尼產的「Kara」，1盒（1ℓ）約700日圓。

作法

烹調

1　用果汁機將〈材料A〉攪打成糊狀 。

2　在中式炒鍋裡放入油130cc和1慢慢地拌炒。油泛白變濁後，慢慢加入剩餘的70cc油拌炒，炒到油變透明為止 。

3　加八角和肉桂，增加整體香味 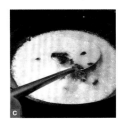。

4　加入咖哩粉（肉用），但並非加入全量，約保留10g備用 。

5　加入雞肉 ，加蠔油、鹽、砂糖和醬油調味。再加水100cc（分量外）。

6　一面慢慢混合，一面讓雞肉熟透。

7　加入鮮奶、椰子鮮奶油和作為基底的乾辣椒，再燉煮 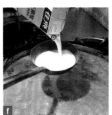。

8　最後，加入剩餘的咖哩粉（肉用・魚用）使香味更濃 。完成後放入冷藏庫保存。

提供

收到點單，將咖哩放入小鍋中加熱，再盛入砂鍋中。加入清炸馬鈴薯和水煮秋葵後提供。

● 香料炒烏賊

780日圓（未稅）

這道是在日本很罕見的炒烏賊咖哩。在馬來西亞是很受歡迎的人氣料理，馬來西亞裔主廚特地減少料理的辣味，以迎合日本人的口味。他使用配方中含有芫荽、咖哩葉等的馬來西亞產咖哩粉。番茄醬意外地成為這道料理美味與否的關鍵，它的厚味與酸味和烏賊十分對味。用大火迅速烹調，還能享受到蔬菜爽脆的口感。

材料（1人份）

烏賊（圓片）—— 1隻份

大蒜（切末）—— 1小匙

紅、綠甜椒（切碎）—— 各半個份

洋蔥（切片）—— 半個份

蠔油 —— 5g

泰式魚醬（num pla）—— 3g

砂糖 —— 2g

番茄醬 —— 2g

咖哩粉（Adabi社・魚用）—— 3g

咖哩葉 —— 適量

上圖是馬來西亞「Adabi」社的魚咖哩粉。特色是具有茴香等清爽的香味。1袋（250g）約600日圓。

作法

1　烏賊切圓片，用水汆燙後充分瀝除水分備用。

2　在鍋裡熱油（分量外）拌炒大蒜，散發香味後加甜椒和洋蔥拌炒。

3　加入1的烏賊煮熟後，加蠔油、泰式魚醬、砂糖、番茄醬、咖哩粉和咖哩葉迅速拌炒。

● 馬來西亞炒米粉

980日圓（未稅）

這道炒米粉中加入口感富彈性的蝦和烏賊，以及大量胡蘿蔔、韭菜等彩色蔬菜。在馬來西亞有各種口味的炒米飯，其中也有許多會用咖哩粉作為調味料，當地小吃攤的炒米粉都採取這種基本烹調法。料理誘人的魅力在於米粉與香料徹底融合，以及促進食慾的辣味。食用前擠入檸檬汁，吃起來味道更清爽。

材料（1人份）

大蒜（切末）—— 1小匙

蝦 —— 2條

烏賊 —— 適量

胡蘿蔔（切片）—— 1/4個

包心菜 —— 30g

米粉（水煮過，瀝除水分備用）—— 50g

〈調味料A〉

    砂糖 —— 2g

    醬油 —— 5g

    蠔油 —— 10g

    咖哩粉（Adabi社・魚用）—— 2g

    薑黃粉 —— 2g

    水 —— 10g

綠豆芽 —— 10g

韭菜 —— 15g

鹽 —— 適量

作法

1　在鍋裡加熱油（分量外）拌炒大蒜，散出香味後加蝦和烏賊拌炒。

2　加胡蘿蔔、包心菜炒熟。

3　放入米粉迅速混拌後，暫時熄火加〈調味料A〉，放入綠豆芽。再開火拌炒。

4　炒到水分收乾，加韭菜拌炒一下，加鹽調味。

業主兼主廚
Robert Edward Macklin
先生（圖右）

主廚
Touginbun女士（圖左）

在日本定居17年以上的馬來西
亞夫妻。兩人都生於馬來半島
西北方的檳城。每年他們必定
會回故鄉一趟，研究當地的食
材和烹調法。以利他們在日本
傳播檳城在地的美味。

提引食材美味的絕品咖哩
馬來西亞夫妻提供的正統風味

檳城餐廳
Penang Restaurant

東京‧芝公園

　檳城餐廳是出生於馬來西亞檳城的一家人所
經營的店。菜單上包括沙嗲、馬來西亞炒飯等
馬來西亞料理一應俱全，其中他們也致力推廣
故鄉檳城的料理。檳城四周環海，擁有豐富新
鮮的海鮮類。因此該店準備了2種咖哩，一是馬
來西亞一般的雞肉咖哩，以及檳城著名的烏賊
咖哩。因烏賊講求新鮮度與口感，所以烏賊咖
哩必須事先以電話預約，該店接到預約後才購
入食材。此外，烹調烏賊咖哩時，不使用咖哩
粉，僅使用薑黃一種香料，但雞肉咖哩則會加
入肉桂、八角等許多香料等，依不同的食材分
別運用香料。

　該店每月1次，在週六夜晚舉辦「Nasi Kandar
night」1980日圓（含稅）。提供咖哩、料理等8~

10種檳城料理自助吃到飽，還提供烏賊咖哩、
鮮魚咖哩、茄汁雞肉等平時需要預約的咖哩。
在店內，會詳細介紹馬來西亞語問候語及當地
享受料理的方法，也會介紹馬來西亞的文化。

地址／東京都港区芝2-4-16加藤ビル1F　電話／03-3456-3239　營業時間／11：00~14：00（L.O.）17：00~22：00（L.O.）　例休日／週日
規模／8坪‧25席　客單價／午850日圓　晚2000日圓

● 烏賊咖哩

● 烏賊咖哩

1280日圓（未稅）需預約

這道咖哩料理中使用大量口感柔軟的小烏賊。因湯汁較少，味道近似咖哩風味的煮烏賊。料理中使用紅、黃、綠3色甜椒，添加繽紛色彩和蔬菜的甜味。減少辣味後，烏賊的鮮味和椰奶的溫潤厚味讓人齒頰留香、意猶未盡。烏賊過度燉煮肉質會變硬，所以重點是要迅速烹調。

材料（20人份）

沙拉油 —— 50cc

檸檬香茅（剝去最外層的皮，之後切碎）—— 2根

乾辣椒 —— 10根

薑泥 —— 2大匙

蒜混 —— 2大匙

洋蔥（切片）—— 5個

薑黃粉 —— 6～7大匙

小型烏賊 —— 1.5kg

椰奶 —— 1罐

鹽 —— 1.5大匙

紅、黃、綠甜椒（切碎）—— 各1個

在進口食材店等地能購得泰國產的檸檬香茅、辣椒和椰奶。薑黃是使用香味濃的馬來西亞產品。

作法

1　在中式炒鍋裡加熱油，放入檸檬香茅和乾辣椒拌炒 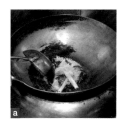。

2　加薑泥和蒜泥，拌炒到散出香味為止 。

3　加洋蔥炒到變軟為止，至此都是用大火迅速作業 。

4　轉小火加入薑黃粉混勻整體，注意勿煮焦 。

5　加入清洗好的烏賊，約加油1大匙（分量外）拌炒 。

6　加椰奶和鹽燉煮 。

7　烏賊熟透後加甜椒，轉大火煮沸一下即完成 。

咖哩餃

760日圓（未稅）

這是用餃子皮包住以咖哩粉調味的絞肉，再以高溫油炸成的下酒菜。和印度的點心薩摩薩餃類似。為了讓餃子緊密貼合，在餃子皮邊緣用叉尖壓出細條紋，同時，也能作為可愛的裝飾。咖哩香濃的香料風味，也很適合搭配啤酒等酒類。

材料（便於製作分量）

〈餡料〉

馬鈴薯（切1cm小丁）—— 4個份

紅薯（切1cm小丁）—— 2個份

薑泥 —— 1大匙

蒜泥 —— 1大匙

雞腿肉（絞碎）—— 1片

洋蔥（切末）—— 4個份

咖哩粉 —— 4大匙

鹽 —— 1大匙

砂糖 —— 1大匙

餃子皮（市售品）—— 適量

作法

準備餡料

1　馬鈴薯、紅薯用水煮軟。

2　在鍋裡放入適量的油，加入薑泥和蒜泥拌炒到散出香味為止。

3　加入雞絞肉和洋蔥炒熟後，加入在1煮熟的2種薯類拌炒使其碎爛。

4　加入咖哩粉，以鹽和砂糖調味後，餡料即完成。放入密封盒中放入
　　冷藏庫保存。

提供

5　用餃子皮包好餡料，邊端用叉尖按壓使其黏合。

6　用高溫的油（分量外）炸至酥脆。

醃洋蔥
450日圓（未稅）

以醋和砂糖醃漬15分鐘的洋蔥，和小黃瓜、鳳梨、辣椒一起漂亮盛盤的即席醃漬料理。鮮麗的紅辣椒產自泰國，味道激辣。入口的瞬間，能感受到刺激嗆辣的辣味，深得嗜辣族的好評。醃洋蔥和任何咖哩搭配都很對味，其中又以和使用椰奶的柔和系咖哩最為對味。

材料（便於製作的分量）

紅洋蔥（切片）——1個

鳳梨——1/4個

小黃瓜（切片）——1根

生辣椒（切圓片）——2根

米醋——2～3大匙

砂糖——4小匙

作法

1　用米醋和砂糖醃漬紅洋蔥，靜置15分鐘讓味道融合。

2　裝飾上鳳梨、小黃瓜和生辣椒即完成。

業主兼主廚
稻葉正夫先生（圖右）
主廚
稻葉捷子小姐（圖左）

該店開業的15年間，店裡一直只靠夫妻兩人營運。分工製作28種創作料理，據說他們彼此都不清楚對方的食譜。「今後我們會繼續追求自我認可的咖哩」稻葉正夫先生表示。

日本夫妻設計的創作咖哩店。
準備工作費時，每週僅營業四天

馬來西亞　Mare

東京　·　祖師谷大藏

馬來西亞 Mare 是由日本夫妻開設的創作咖哩和肉骨茶店。肉骨茶是豬肉和中藥材一起燉煮的湯品料理。該店的咖哩除了有紅、綠、黃咖哩外，還有炸蔬菜咖哩、豆咖哩和山打根（Sandakan）咖哩等罕見的菜色共9種之多。每年他們一定會遠赴馬來西亞，從當地的食材和烹調法中尋找靈感，因此創作出的咖哩極具魅力。該店的任何料理都具有獨樹一格的風味。

「炸蔬菜咖哩」中放入切得出奇大的茄子、胡蘿蔔和南瓜等蔬菜；「豆咖哩」中使用色澤鮮綠的豆子等，料理的外觀也講求令顧客感到震撼。蔬菜的色彩繽紛吸睛，豐盛的排盤也很漂亮。該店還使用咖哩店不太用原生於東南亞的豆科植物「臭豆（Petai）」等，隨處可見他們在烹調上各自所下的工夫。任何咖哩至少都要準備3個多小時，沒有共用的咖哩醬汁，每種料理都要準備不同風味的咖哩。因此該店一週僅營業四天。為了一嚐花工夫製作的個性化創意咖哩，該店有許多粉絲客頻繁從外縣市前來捧場。

地址／東京都世田谷区祖師谷4-21-1　電話／03-3484-0858　營業時間／11：30～14：30（L.O.）17：30～21：00（L.O.）
例休日／週二、三、四　規模／9.5坪·18席　客單價／午1500日圓　晚2500日圓

● 臭豆咖哩 · 米飯

1085日圓（含稅）

這是使用生於東南亞熱帶雨林的豆科植物臭豆（Petai，又名美麗球花豆）的創作咖哩。臭豆在咖哩店是很罕有的食材，它具有獨特的苦味，完成的咖哩也獨創一格。為了保留臭豆脆硬的口感，加熱咖哩時的重點是迅速煮一下即可。搭配這道咖哩的米飯，該店自開幕起就限定使用新潟縣下阿彌陀瀨產的越光米——「仙見米」。

單點臭豆咖哩865日圓，其他還有搭配茶和辛辣的「辣味馬鈴薯」的套餐組。該店菜單中的攝影、文章和作法全由店家一手包辦。

● 臭豆咖哩 ‧ 米飯

材料（35人份）

肉桂 —— 80g

八角 —— 80g

丁香 —— 110g

光果甘草（Glycyrrhiza glabra L.）—— 90g

洋蔥（分切8等份）—— 20個

大蒜（切片）—— 1kg

國產混合絞肉（牛7：豬3）—— 1.8kg

紅咖哩醬 —— 8大匙

日本酒 —— 300cc

醬油 —— 100cc

越南魚露（nuoc mam）—— 50cc

雞骨高湯粉 —— 5大匙

蠔油 —— 5大匙

超激辣辣椒粉 —— 2小匙

紅椒粉 —— 10大匙

臭豆 —— 35g（1人份）

肉桂、光果甘草、八角和丁香4種香料，構成臭豆咖哩的底味。

臭豆在原產地被視為有益健康的食材。日本能購得冷凍品，1kg大約4400日圓。

作法

烹調

1　在10ℓ的桶鍋中放入8ℓ的電解鹼離子水。

2　將肉桂、八角、丁香和光果甘草放入網袋中，放入鍋裡，約煮2小時 **a**。

3　趁2的作業期間，在別的鍋裡慢慢拌炒洋蔥到呈淺褐色 **b**。。

4　待2煮好後取出香料，加入大蒜 **c**。

5　慢慢加入混合絞肉，一面慢慢混合，一面燉煮 **d**。

6　約煮30分鐘，撈除浮沫雜質和多餘的油分 **e**。

7　加入3拌炒好的洋蔥，再一面慢慢攪拌混合，一面燉煮，勿讓它煮得太滾沸 。

8　加入紅咖哩醬 。

9　加入日本酒、醬油和越南魚露。

10　加雞骨高粉和蠔油，從鍋底一面混拌菜料，一面燉煮 。

11　嚐味道，若有必要加砂糖和鹽（分量外）調味。

12　加入超辛辣辣椒粉，調整辣味 。

13　加紅椒粉使湯汁呈紅色

提供

收到點單才將咖哩放入小鍋中加熱，再加入臭豆，煮沸一下後盛盤供應。

主廚
Sanniru Amunatt 先生（圖左）
**Wattatoon
Ateiteipoon 女士**（圖右）

Sanniru Amunatt先生受到精通料理的母親的影響，17歲時進入料理界。31歲時來到日本。他期盼將泰國料理推廣到世界各地。Ateiteipoon女士31歲時習得料理的基礎，曾在泰國著名的飯店工作，提供中東各國及泰國料理，兩人都擅長咖哩料理。

泰國南部海鮮香料料理富魅力。
泰國主廚的文化傳承

泰國南部料理 EAT PHAK TAY
EAT PHAK TAY

東京 ・ 赤坂

（＊已於2016年3月25日結束營業，資料僅供參考）

　　這是經營許多泰國料理店、食材店的風味路（Spice Road）公司，在2014年時以泰國南部料理為主題所開設的餐廳。此地區位於沿著泰國灣縱向延伸的馬來半島的一部分，在歷史上受到中國、印度、馬來文化的影響，該地飲食文化中也混入各國的色彩。其獨特文化尤其最受鄰近馬來西亞的影響。該店的料理特徵是有在地風味，許多都是使用海鮮或椰子的料理，也提供海鮮類為主的料理。

　　該店也有許多是使用珍稀食材的料理，例如使用海扇貝和貼貝的「咖哩炒蟹（Pad Pong Curry）」，以及用南部特產的「臭豆」和蝦一起拌炒的「豆子炒蝦」料理等，都是適合搭配泰國啤酒的料理。在散發南國氛圍的白、綠配色的店內，展示著自泰國直接進口的漂亮小飾品。店內陽台也設有座位，能在開放的空間中享受泰國料理。該店的主廚和服務生全是泰國人，穿著東南亞傳統臘染（Batik）民族服裝的女服務生，以「微笑之國泰國」特有的微笑熱情相迎，讓人感到賓至如歸。

地址／東京都港区赤坂2-13-1ルーセント赤坂2F　電話／03-5114-5507　營業時間／平日11：00～15：00（L.0.14：30）　17：00～23：00（L.0.22：00）
週六、節日11：00～15：00（L.0.14：30）　17：00～23：00（L.0.22：00）　例休日／週日　席數／55席　客單價／午1000日圓、晚2500日圓

● 瑪沙曼咖哩（Kaeng Matsaman）

作法見下頁 ➞

● 瑪沙曼咖哩

1580日圓（含稅）

瑪沙曼咖哩是從伊斯蘭文化傳來的料理，據傳它原本是出自宮廷料理。2011年在美國的情報站「世界最美味料理排行榜50」中，瑪沙曼咖哩名列第一後，近年來備受矚目。料理的特色是具有椰奶和花生的濃厚風味，辣味和甜味絕妙融合。不喜辣味的人或初嚐泰式料理的人都很容易接受。`

材料（3～4人份）

沙拉油 —— 15cc

瑪沙曼咖哩醬 —— 2大匙

椰奶 —— 400cc

雞腿肉（切大塊）—— 400g

水 —— 適量

馬鈴薯（切滾刀塊）—— 2個

胡蘿蔔（切滾刀塊）—— 1個

洋蔥（切滾刀塊）—— 1個

花生 —— 15g

泰式魚露 —— 2大匙

椰子糖 —— 1/2大匙

砂糖 —— 1小匙

鹽 —— 1小匙

酸豆汁 —— 1小匙

椰奶 —— 適量

瑪沙曼咖哩醬雖是辣味的，但它和其他的泰式咖哩比起來，特色是甜味較濃，散發泰國香草的清爽芳香。

雞腿肉的味道容易滲入，長時間燉煮也不易變硬。甜味也是使肉質軟化的烹調重點之一。

熟成的鹽漬日本鯷製成的魚醬，能使料理味道更濃郁，是泰式料理中的必備調味料。其色澤的透明度越高，品質越佳。

椰子糖是棕櫚科砂糖椰子的樹液熬煮製成的砂糖。具有清爽的甜味。能讓料理增添甜味與濃度。

上圖是用水浸泡植物酸豆的果肉過濾出的湯汁。能使料理增添重點的酸味。

作法

1　在鍋裡倒入沙拉油，用小火拌炒瑪沙曼咖哩醬5分鐘，讓它散出香味。

2　油浮出後，放入椰奶以中火燉煮  。

3　轉大火後放入雞肉  ，約燉煮3分鐘  。

4　放入水、馬鈴薯、胡蘿蔔、洋蔥和花生，用小火約煮30分鐘  。

5　放入泰式魚露、椰子糖  、砂糖、鹽和酸豆汁  ，煮到馬鈴薯變軟後即完成。盛入容器中，淋上椰奶。

平日的泰式午餐吃到飽深受歡迎

平日午餐吃到飽限時40分鐘・1000日圓（含稅）。泰國廚師廚藝高超，提供每日更新的8種以上料理。以泰式咖哩為主，包括散發羅勒香味的絞肉炒飯，泰式風味的沙拉等，能夠享受到甜、辣、酸三味一體的美味。

● 螃蟹咖哩（Kaeng poo Baichyapuru）

1480日圓（含稅）

泰國南部特有的螃蟹咖哩。「Kaeng」是指咖哩、「Poo」為螃蟹、「Baichyapuru（音譯）」是採自沖繩縣的「假蒟（Piper sarmentosum）葉」。這種植物的葉片大，葉肉紮實肥厚，所以該店也有用葉片包餡料的料理。採印度元素的咖哩風味，料理完成後呈鮮麗的黃色調，味道微辣、溫潤。

材料（3～4人份）

沙拉油 —— 2大匙

咖哩醬 —— 1大匙

椰奶 —— 300g

⌈ 螃蟹塊（煮熟、分切好的）—— 100g

⌊ 活蟹（中等・2等份）—— 150g

泰式魚露 —— 2大匙

砂糖 —— 1大匙

假蒟葉（切碎）—— 100g

薑黃、孜然、芫荽等混成的咖哩醬。它是能感受到印度飲食文化的泰式料理。

選擇大型、蟹身結實的螃蟹，讓螃蟹精華滲入咖哩中。該店使用三齒梭子蟹和雪蟹，費心呈現深厚的美味。

作法

1　在鍋裡倒入沙拉油，用小火拌炒咖哩醬直到散出香味為止。

2　加椰奶 a ，煮3～5分鐘。

3　放入螃蟹塊 b 和活蟹，用中火約煮3分鐘 c 。

4　加泰式魚露和砂糖，煮到味道融合。

5　加入假蒟葉，混拌一下即完成 d 。盛入容器中。

memo

▼螃蟹勿煮太熟。

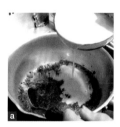

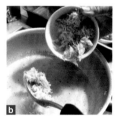

店長
Tyo Yau Tya先生
（圖中央）

出生於馬來半島南部的柔佛
（Johor）州。在日本定居8
年。秉持「香料香味是咖哩
的精髓」的信念，在料理完
成時，都會在鍋邊淋入2大
匙熱沙拉油，以提引香料美
好的香味。

魚咖哩等7種馬來西亞風味。
穆斯林可享用的餐廳

MALAY ASIAN CUISINE

東京・澀谷

　這是馬來西亞大型食品公司「Dewina Food Industries Sdn. Bhd.」在日本經營的餐廳。以鄰近的馬來西亞大使館的職員為主，該店的許多老顧客都是當地的居民。菜色約有80種，包括沙嗲、烤雞、馬來西亞炒飯等馬來西亞定番料理等。從下酒菜到主食樣式豐富，其中有7種咖哩料理。

　多種民族共同生活的馬來西亞，咖哩也各有特色，如馬來西亞式、中式、印度式等，各式咖哩運用的食材和香料種類也不同。以柔和的辣味咖哩居多，入口的瞬間甚至會讓人覺得莫非是甜咖哩？這是因為大量使用洋蔥的緣故，歐風咖哩也有類似的濃厚風味。依不同食材使用的香料也有變化，魚咖哩中加入茴香籽和芫荽清爽的香味；肉咖哩中則加入八角、肉桂的甜香味。

　馬來西亞有許多伊斯蘭教徒，該店的食材經過「清真（halal）」認證。遵照伊斯蘭教特定的烹調方式烹調提供，是一家方便伊斯蘭教徒安心用餐的店。

地址／東京都渋谷区渋谷2-9-9 SANWA青山ビル2F　電話／03-3486-1388　營業時間／11：00～14：30、17：00～23：30　週日11：00～22：00
例休日／無休　規模／40坪・58席　客單價／午1000日圓　晚3000日圓

仁當牛肉咖哩（Beef rendang）

1100日圓（未稅）

在當地語中，「Rendang」是指「攪拌混合勿焦底」之意。用椰奶和香料燉煮的牛肉，煮到用筷子能弄散般柔軟，隨著咀嚼椰子濃厚的香味在口中瀰漫開來。仁當牛肉咖哩是馬來西亞風味料理，在當地有牛肉、雞肉和羊肉3種口味。是婚宴、斷食齋戒月時所吃的傳統料理。

作法見下頁 →

● 仁當牛肉咖哩

材料（10人份）

椰子片 ——— 80g

〈材料A〉

檸檬香茅 ——— 1枝

生薑 ——— 1塊

大蒜 ——— 4瓣

洋蔥 ——— 1個

油 ——— 80cc

牛肉（煮過）——— 2kg

咖哩粉（Adabi社・肉用）——— 60g

蠔油 ——— 2～3大匙

椰子鮮奶油 ——— 120cc

醬油 ——— 3小匙

鹽 ——— 1小匙

中國醬油（老抽王）——— 2大匙

椰子粉作為甜點材料販售。1袋（1kg）約1400日圓可購得。

使用印尼產椰子鮮奶油「Kara」。1盒（1ℓ）約700日圓。

經過清真（Halal）處理的澳洲產牛脛骨肉。比一般的購入費用約多兩成。

中式醬油可在中華食材店購得。500g約400日圓。具有使料理顏色變深、散發光澤的作用！。

作法

1 在平底鍋中乾炒椰子粉，炒到呈小麥色後倒入盤中備用 。

2 用果汁機將〈材料A〉攪打成糊狀 。

3 在中式炒鍋中倒入油80cc，加入2慢慢拌炒 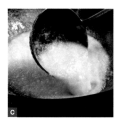。

4 加入用其他鍋水煮30分鐘已變軟的牛肉 。

5 加入咖哩粉混拌整體，加入已加熱的油2大匙（分量外）以散發咖哩粉的香味 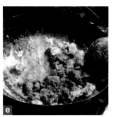。

6 牛肉整體融合後，加蠔油、椰子鮮奶油燉煮數分鐘 。

7 用醬油和鹽調味，在牛肉中均勻撒入1的乾炒椰子粉 。

8 用中式醬油加深顏色即完成。

● 魚頭咖哩

2～3人份 ·2800日圓（未稅）

這是加入大量秋葵、茄子等蔬菜的魚咖哩。屬於口感滑順的湯式咖哩，散發番茄和酸豆的酸甜滋味。鯛魚頭自下巴分切剖開，供應時不是盛在深盤中，而是放在平盤上。這種作法能方便顧客食用魚肉。為避免魚肉變硬，烹調訣竅是魚放入鍋裡短時間加熱即可。

● 魚頭咖哩

材料（2～3人份）

酸豆醬 —— 30g

半身鯛魚（魚頭部分）—— 250～300g

油 —— 130cc

大蒜（切末）—— 7瓣

生薑（切末）—— 1塊

檸檬香茅（切成3cm寬）—— 1枝

洋蔥（切丁）—— 1個

咖哩粉（Adabi社・魚用）—— 50g

蠔油 —— 1.5大匙

茄子（切滾刀塊）—— 1根

秋葵 —— 8根

番茄（切月牙片）—— 2個

油豆腐皮（8等份）—— 1片

紅椒粉（切碎）—— 1/2個

鹽 —— 1小匙

酸豆是具有柔和酸味的豆科植物。日本可購得酸豆泥，1袋（400g）600日圓。

咖哩粉是使用馬來西亞的「Adabi」社的魚咖哩粉。在進口食材店可購得，1袋（250g）約600日圓。

在馬來西亞當地大多使用笛鯛科（Lutjanidae）的白肉魚。在中式或印度式料理店也供應。

作法

1 酸豆醬用500cc的水浸泡備用。

2 鯛魚清洗後，剔除魚鱗。魚骨周圍的血液是產生魚腥味的原因，要徹底用水沖洗乾淨 。

3 在中式炒鍋裡放油，放入大蒜、生薑、檸檬香茅拌炒 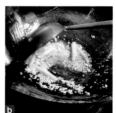。

4 加洋蔥炒到變軟 c 。

5 加入咖哩粉整體混合後，加入已加熱的油2大匙（分量外）以散發咖哩粉的香味 d 。

6 加入已浸泡水的酸豆。去除種子 e 。

7 加入蠔油。

8　轉大火煮沸後，加入鯛魚、水100cc（分量外）用中火約燜煮5分鐘 **f** 。

9　同時，在別的鍋裡清炸茄子和秋葵。利用清炸使蔬菜產生厚味 **g** 。

10　加入番茄、油豆腐皮、9的茄子和秋葵煮熟 **h** 。

11　最後加紅紅椒粉和鹽即完成。

memo

▼嚐味道後，若酸味不足，可加檸檬汁調整。希望增添辣味的話，也可加生辣椒。

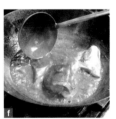

● 醋味涼拌蔬菜

480日圓（未稅）

這是使用橘和綠色鮮麗蔬菜製作的醋味涼拌菜。除了蔬菜外，料理中還使用鳳梨，也令人耳目一新。酸甜味中，散發切小截辣椒的嗆辣味和薑黃的溫潤香味。大致切碎的花生也散發濃郁芳香。此外，該店為服務穆斯林顧客，還備有無酒精的氣泡酒（780日圓／355mℓ）。

材料（便於製作的分量）

小黃瓜 ——— 2根

胡蘿蔔 ——— 2根

紅洋蔥（切片）——— 1個

鳳梨 ——— 1/4個

砂糖 ——— 100g

醋 ——— 200cc

泰式辣椒醬 ——— 400g

生辣椒（切小截）——— 2～3根

薑黃 ——— 1小匙

作法

1　小黃瓜、胡蘿蔔切短片。胡蘿蔔氽燙好。

2　將所有材料混拌靜置1天備用。

3　撒上大致切碎的花生（分量外）後供應。

主廚
築田 圭先生

辻烹調專門學校畢業後，單身
前往北京。在特1級烹調師手下
學習基本廚技，回國後，陸續
進入中國飯店集團、文華東方
酒店集團（Mandarin Oriental Hotel
Group）工作累積經驗。2010年
進入新加坡的濱海灣金沙酒店
（Marina Bay Sands）擔任主廚。

亞洲開設50多家店
源自新加坡人氣店的南國咖哩

PARADISE DYNASTY 銀座
PARADISE DYNASTY

東京・銀座

PARADISE DYNASTY 是橫跨中、泰、馬來西亞等亞洲7國，開設10多項業態、50多家店的新加坡樂天餐飲集團（Paradise Group Pte. Ltd.），在日本國內唯一開設的店。菜單中以看板料理色彩繽紛的「8色小籠包」排名第一，從中式傳統料理，到香港的Fusion無國界料理、新加坡料理等，樣式豐富齊全。如同築田先生所說「咖哩是調味品」，該店常將咖哩粉當作調味料使用來提引食材的鮮味，例如咖哩風味焗烤菜、咖哩燴蒸雞等。據說這是因為有不少中國人不喜咖哩的緣故。

這次主廚新設計製作的2道料理，不是燉煮後要熟成的咖哩，而是短暫加熱使香料散發豐富的香味，以當天用完為原則。其特色是使用多種發酵調味料，費心思讓味道呈現濃郁的鮮味。該店的顧客中有許多是在銀座購物後前來用餐的家庭主婦等，因此店裡備有許多使用大量蔬菜、配色漂亮的料理，這次主廚介紹的料理也講究以漂亮的排盤方式來呈現。

地址／東京都中央区銀座3-2-15ギンザ　グラッセ1F B1F　電話／03-6228-7601　營業時間／週一～六11：00～23：00（L.O.22：15）
週日、節日11：00～22：30（L.O.21：45）　例休日／無休　規模／1F 27坪＋B1F 110坪・160席　客單價／午980日圓　晚約4000日圓

材料

〈材料A〉＊1人份使用150g
├ 菠菜（汆燙過）────30g
├ 芫荽────1把
├ 泰國辣椒────5根
├ 大蒜────2瓣
├ 南薑（適當切碎）────10g
├ 蝦味噌────10g
├ 檸檬香茅（適當切碎）────2根
├ 箭葉橙（Citrus hystrix）葉────3片
└ 水────約100cc

〈材料A〉的食材。包括泰國的南薑、紅辣椒、泰國辣椒等，在進口食材專賣店等地能購得。這裡雖然使用香港產的蝦味噌，不過用泰國的蝦醬「Kapi」代替也行。

〈調味料B〉
├ 椰奶────400g
├ 砂糖────10g
├ 自製蝦油────適量
├ 鹽────適量
└ 胡椒────適量

在中華食材店也能買到蝦油，但建議自製蝦油味道更香。蝦頭和油（白絞油・沙拉油）以1：2的比例混合，用小火油炸後再過濾。

〈材料C〉　＊1人份使用150g
├ 泰國米────60g
├ 日本米────140g
├ 水────120g
├ 檸檬香茅────1根
├ 雞油────適量
└ 芫荽────1把

〈材料D〉＊1人份
├ 蝦（去除背腸）────4尾
├ 蘆筍────半根
├ 玉米筍────1根
├ 杏鮑菇────10g
├ 紅心蘿蔔────10g
├ 黃色節瓜────10g
└ （蔬菜全切成1cm小丁）

紅心蘿蔔（切片）────1片
咖哩葉────適量
迷你番茄────適量

作法見下頁 ➡

香港綠咖哩
天堂燉飯

這是紫、綠對比的美麗燉飯風綠咖哩料理。上面放有豐潤彈Q的蝦，以及蘆筍、玉米筍、小番茄等大量彩色蔬菜。在許多淋醬汁型的咖哩中，這道料理製成燉飯風格，上面再裝飾蔬菜，不僅外觀漂亮，在享受食材美味與口感的同時，也能品嚐綠咖哩。參考售價1200日圓。

作法

1　製作綠咖哩醬。除了〈材料A〉的水外，其他材料全放入果汁機中攪打。分數次攪打，每次加少量的水打成泥狀。再加入〈調味料B〉，繼續用攪打 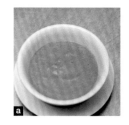。

2　將〈材料C〉的所有材料混合，用蒸鍋蒸30分鐘（也可用飯鍋蒸硬一點）。

3　〈材料D〉用煮沸的熱水汆燙30秒，放在濾網上瀝除水分 。

4　在鍋裡放入在1混成泥的綠咖哩醬150g和2的米飯150g，充分混拌後點火加熱。

5　加入3的材料稍微拌炒。保留3的材料中的一部分盛盤時使用。

6　在盤中放入切片紅心蘿蔔，上面放上中空圈模，放入5。

7　漂亮地放上裝飾用的材料即完成。

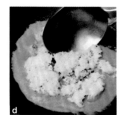

● 新加坡叻沙咖哩麵

作法見下頁 ──▶

● 新加坡叻沙咖哩麵

這是日本大家也很熟悉、製成咖哩風味的東南亞麵料理「叻沙麵（Laksa）」。使用檸檬香茅、泰國南薑製作的叻沙湯，香料的豐富香味深具魅力，該店在當天就會使用完畢。適度的辣味、海鮮類發酵調味料的鮮味，以及椰子的香甜味融為一體，是會讓人意猶未盡的美味。叻沙湯和輕爽的叻沙麵也非常合味。參考售價1400日圓。

材料

叻沙麵 —— 1kg

〈叻沙湯〉1人份使用400g

- 水 —— 5ℓ
  生辣椒 —— 38g
  大蒜（切末） —— 75g
  泰國南薑（適當切碎） —— 7.5g
  檸檬香茅（適當切碎） —— 2枝
  叻沙醬 —— 1kg
  蝦味噌 —— 60g
  砂糖 —— 38g
  蠔油 —— 150g
  鹽 —— 38g
  卡宴辣椒粉 —— 4g
  椰奶 —— 800cc（2罐）
- 咖哩粉（市售品也OK） —— 2g

〈材料B〉

- 蝦 —— 5尾
  牡蠣 —— 2個
- 蛤仔 —— 5個

〈裝飾〉

- 紅蔥（切絲） —— 10g
  薄荷 —— 適量
  生綠豆芽 —— 10g
  萊姆（切片） —— 2片
- 水煮蛋 —— 1/2個

乾叻沙麵在進口食材店1袋（400g）約售1000日圓。圖中是寬1.4mm的麵條。若無此麵，也可改用米粉。

湯的材料。泰國南薑和檸檬香茅等在進口食材店也能購得。使用蝦味噌、蠔油等多種發酵調味料能強化鮮味。

叻沙醬有許多品牌，但該店是使用新加坡的知名品牌「廣祥泰（KWONG CHEONG THYE）」的產品。1kg約3000日圓。

裝飾材料。蝦、牡蠣、蛤仔先煮熟備用。除了口感佳的生綠豆芽外，還放上紅蔥、薄荷和萊姆增加清爽風味。

作法

1　叻沙麵放入3ℓ的水中浸泡1天備用。

2　將〈叻沙湯〉的所有材料放入鍋裡 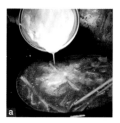，約煮沸10分鐘。

3　用粗目網篩過濾，放入桶鍋等中備用 。

4　將〈材料B〉迅速汆燙 ，放在網篩上瀝除水分。

5　將每1人份150g的1的麵，用大量的熱水煮1分鐘，放在網篩上瀝除水分，盛入容器中。

6　在鍋裡放入3的叻沙湯400g和4的食材燉煮5分鐘，在5中放入食材和湯。

7　漂亮地排放上〈裝飾〉用材料即完成。

主廚
Sakuchai Kumkrue 先生

出生於泰國清邁。20歲時在當地的餐廳修業，歷經在中國和清邁的飯店餐廳工作。41歲時來日。喜愛日本的待客習慣，本身對料理的提供也十分用心。

以泰國特產品青花瓷容器提供
泰國北部清邁的傳統咖哩

泰國料理 SIAM CELADON 銀座

東京‧銀座

SIAM CELADON 3 以提供泰國第二大城清邁的鄉土料理為主，是一家能讓人細細品味泰國北部美味的店。店名「Celadon」，在梵語中為「綠石」之意，是清邁的代表性青花瓷器。這種青花瓷呈翡翠色，表面具有獨特的纖細裂紋紋理，十分美麗。該店所有料理都以青花瓷容器盛裝提供。

泰國北部為山岳地形，具有氣候寒冷的遼闊高原。那裡栽培了豐富的泰國香草和蔬菜，該店的許多料理中也大量使用那些香草和蔬菜。出身於清邁當地的主廚們，運用泰國代表性香草甜羅勒，烹調出泰式綠咖哩等善用香草的料理。店裡的大多數料理都油多、味道濃郁，這也是清邁料理的特色之一。

該店使用的泰國產調味料等一部分食材，是從系列食材店「Asian Road」購入，重現泰國當地的美味。午餐時段還能享受泰國北部風味自助餐。店頭排放著色澤鮮麗的清邁傳統工藝品油紙傘，從清邁直接進口的燈光照明，柔和地映照著空間挑高、裝潢優雅的整家店。

地址／東京都中央区銀座2-4-6　銀座Velvia館7F　電話／03-6228-7783　營業時間／週一～五11：00～15：00（L.0.14：00）　17：00～23：00（L.0.22：00）
週六、節日／11：00～16：00（自助餐L.0.15：00）　16：00～23：00（L.0.22：00）　例休日／以設施休館日為準　席數／48席　客單價／午1500日圓、晚3000日圓

● 雞肉綠咖哩湯

作法見下頁 →

● 雞肉綠咖哩湯

1380日圓（含稅）

這道是使用青辣椒醬製作的茄子雞肉綠咖哩。料理中使用大量芸香科的香草箭葉橙及泰國羅勒，是香味豐盈的泰國代表性料理。使用的咖哩醬中還加入鹽漬小蝦醬，鹹味更加濃厚。而加入的椰奶和椰子糖，使綠咖哩湯兼具香料味與柔和風味。

材料（3～4人份）

雞腿肉 —— 320g

茄子 —— 240g

青椒 —— 15g

紅椒 —— 15g

沙拉油 —— 2大匙

綠咖哩醬 —— 80g

椰奶 —— 500g

（不混拌，分開上層清澄和下沉的部分備用）

箭葉橙 —— 2g

雞骨高湯 —— 220cc

椰子糖 —— 40g

砂糖 —— 40g

鹽 —— 3～5g

魚露 —— 18g

羅勒 —— 0.5g

〈裝飾〉

羅勒 ┐
　　├── 各適量
紅椒 ┘

以辣味重的小種青辣椒為主，加入檸檬香茅、箭葉橙皮等泰國香草製成的芳香綠咖哩醬。

箭葉橙是原產於東南亞的芸香科植物。在泰國料理中，是用來增加香味的基本香草。

從椰子的花莖取出的蜜，熬煮製成的椰子糖。具有濃郁的甜味和香味，即使少量也能產生厚味。

泰國羅勒在日本有甜羅勒之稱。屬紫蘇科植物，香味具有獨特的清涼感。葉片柔軟，烹調最後才加入。

作法

1　雞肉和茄子切成一口大小。青椒、紅椒切成約1cm寬的小條。

2　在平底鍋中加熱沙拉油，用稍弱的中火拌炒綠咖哩醬，注意勿炒焦 。

3　散發香味後，放入椰奶下沉濃稠部分，一面融合，一面用中火約煮3分鐘 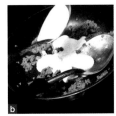。

4　放入雞肉和箭葉橙，一面煮，一面讓整體混合 。

5　一點一點慢慢加入椰奶的上面清澄部分，約煮5分鐘 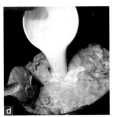。

6　放入雞骨高湯後開大火，加椰子糖、砂糖、鹽和泰式魚露燉煮。

7　加茄子、紅椒、青椒和羅勒 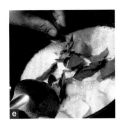，約煮4分鐘讓整體融合 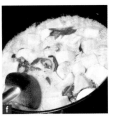。

8　盛入容器中，裝飾上羅勒和紅椒。

● 薑味豬肉咖哩

1380日圓（含稅）

這道是清邁風味的豬肉咖哩。清邁料理的
特色是大都富含油分與濃厚風味。這道料
理中也是使用油脂多的豬五花肉，約燉煮
1小時直到水分變少產生厚味才完成。配
方中還加入椰子糖增加甜味。椰子糖的甜
味、酸豆的酸味和咖哩醬的辣味，形成泰
國特有的三味一體的美味。

材料（3～4人份）

豬五花肉 —— 400g

咖哩粉 —— 3.5g

黑醬油 —— 1小匙

沙拉油 —— 1大匙

咖哩醬 —— 80g

雞骨高湯 —— 400g

〈材料A〉

　大蒜 —— 40g

　生薑 —— 40g

　花生 —— 40g

　椰子糖 —— 40g

　泰式魚露 —— 15g

　酸豆醬汁 —— 10g

生薑（切絲）—— 適量

以薑黃染成黃色的一
般泰式黃咖哩中也使
用的咖哩醬。裡面還
加入紅辣椒、檸檬香
茅。

作法

1　豬五花肉切成一口大小，咖哩粉和黑醬油混合靜置1小時 。

2　在平底鍋中加熱沙拉油，用稍弱的中火拌炒咖哩醬，注意勿炒焦。

3　散發香味後，加入1用中火再拌炒。

4　加入雞骨高湯再煮沸一下，加入〈材料A〉，用小火約燉煮1小時。

5　盛入容器中，放上生薑。

a

● 泰北咖哩麵

1380日圓（含稅）

這是在紅咖哩湯中放入雞蛋麵，再放上油炸麵的獨特麵料理。一次能享受到Q彈的水煮麵及酥脆的油炸麵不同的口感。這是中華伊斯蘭教徒傳來的料理，比起中華的雞蛋麵，伊斯蘭教徒更忌諱豬肉，因此這道料理改用雞肉作為主食材。可依個人喜好添加檸檬、紅蔥、高菜或辣椒等，是菜料很多的咖哩風味麵。

材料（3～4人份）

雞腿肉 ── 200g

沙拉油 ── 12g

紅咖哩醬 ── 80g

咖哩粉 ── 2g

椰奶 ── 300g

（不混拌，分開上層清澄和下沉的部分備用）

〈材料A〉

雞骨高湯 ── 400g

椰子糖 ── 10g

砂糖 ── 50g

鹽 ── 10g

泰式魚露 ── 15g

泰北咖哩麵（Khao Soi）用的麵 ── 110g

油炸麵 ── 適量

芫荽 ── 適量

〈裝飾〉

檸檬（切月牙片）

紅蔥

醃漬高菜 ── 適量

乾辣椒（油炸過）

以辣味柔和的紅辣椒為基底，再加入類似生薑的香草南薑、檸檬香茅等的紅咖哩醬。

使用也用在中華料理中的平打小麥蛋麵。在泰國周邊國家以使用米粉為主流，但泰國的咖哩麵是以小麥粉為主流。

作法見下頁 ➡

作法

1　雞肉切成一口大小。

2　在平底鍋中加熱沙拉油，用稍弱的中火炒紅咖哩醬，注意勿炒焦 **a**。

3　散發香味後，放入咖哩粉混合。再放入椰奶下沉濃稠的部分，一面用中火約煮3分鐘，一面讓它融合 **b**。

4　加雞肉，一面煮，一面讓整體融合 **c**。

5　開大火，慢慢加入椰奶上層的清澄部分煮沸一下 **d**。

6　將5倒入別的鍋裡，轉大火，放入〈材料A〉 **e**，燉煮30分鐘 **f**。

7　在別的鍋裡加熱水（分量外），放入咖哩麵用的麵條2分鐘 **g**。

8　在容器中放入麵，倒入6的湯。放上油炸麵，裝飾上芫荽，再放入4種裝飾配料。

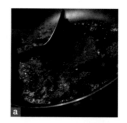

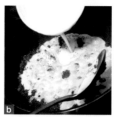

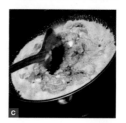

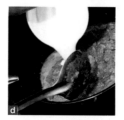

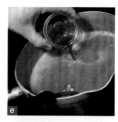

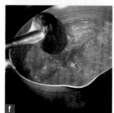

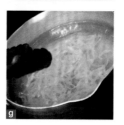

蔬菜推廣師（蔬菜Sommelier）監修的午餐百匯

蔬菜推廣師監修的午餐百匯（左），是以豐富的蔬菜和香草製作18種以上的泰國料理吃到飽。也能自行製作泰北咖哩麵等。用餐時間限90分鐘，平日1500日圓、六、日、假日為1800日圓。有服務費（含稅）。晚上的單點咖哩菜色（右），備用6種以上的泰國咖哩。

代表・主廚
井村 真沙子小姐
在大學專攻食物學，取得營養
師的資格。畢業後在餐飲店累
積修業經驗。開業後，以更積
極學習為目標，進入國立北京
中醫藥大學，取得國際中醫藥
膳師的資格。還具有咖哩評鑑
師和雜糧專家的資格。

10年時間研究所得
照顧體內健康的藥膳料理

香食樂

東京・中目黑

　　具有國際中醫藥膳師和營養師資格的主廚，特別運用藥膳研發出多種咖哩料理。店名「香食樂」揭示出該店的目標，在於讓人「每天能愉快享受具香料、香草香味的美味料理」。主廚基於藥膳學和營養學的理論，以自己親身體驗，研發出兼具改善身體機能效用的咖哩。她在咖哩中大量運用香料、香草和東方中藥材，費心設計出能順應季節變化，具有健康、美容效果的飲食養生料理。

　　用於咖哩中的高湯，採多種蔬菜經長時間燉煮，主廚每天面對鍋子如對食材訴說般地烹調，以掌握最佳美味和食材融合的時間點。搭配咖哩的米飯，主廚不用一般的白米，而是選擇在紫米中加入粟、麥、枸杞等8種雜糧的「藥膳飯」。她不只注重料理，店內的裝璜也活用飲食養生的觀念，牆面塗覆混入碎稻桿等的矽藻土。這種作法具有淨化空氣，吸收濕氣等的功用，考量到有益身體健康，空間造景也納入自然元素，店內隨處可見女主廚獨具的巧思與用心。

地址／東京都目黑区上目黑2-42-13　電話／03-3710-0299　營業時間／平日11：30～16：00（L.O.）　18：00～22：30（L.O.22：00）
週六、日、節日11：30～22：00（L.O.21：30）　例休日／週二（遇節日營業）　席數／1樓16席・2樓18席　客單價／午1500日圓 晚5000日圓

● 蔬菜咖哩 ＋ 藥膳飯

1300日圓＋100日圓（含稅）

這是以海帶和乾香菇熬煮高湯，完全不用
動物性食材、砂糖和化學調味料製作的辣
味蔬菜咖哩。以7種蔬菜和含大量鮮味成分
的食材製成菜泥混合，完成味道豐厚的鮮
味醬。講求辣味、甜味、酸味、苦味和鮮
味的均衡，且味道充分融合。吃完這道咖
哩後身體會感到溫暖，還能促進體內血液
循環。

作法見下頁 ➞

● 蔬菜咖哩

材料（40人份）

〈A〉香料油
- 沙拉油 —— 1ℓ
- 咖哩葉 —— 150cc
- 原狀綠荳蔻 —— 100cc
- 黃芥末籽 —— 100cc
- 印度產肉桂 —— 5～6根

〈B〉蔬菜配菜
- 青辣椒（切末） —— 100g～
- 蔬菜（切1～1.5cm小丁） —— 5kg份*1
- 鴻禧菇（去菇柄） —— 1kg
- 南瓜（切1～1.5cm小丁） —— 1.5kg

〈C〉調味・番茄
- 蒜泥 —— 200g
- 薑泥 —— 300g
- 鹽 —— 160g
- 番茄糊 —— 2kg

〈D〉粉狀香料
- 蒜粉 —— 120g
- 薑粉 —— 30g
- 小荳蔻粉 —— 150g
- 肉桂粉 —— 60g
- 茴香粉 —— 20g
- 薑黃粉 —— 20g

〈E〉鮮味醬
- 海帶乾香菇泥 —— 800cc*2
- 蘋果泥 —— 約1kg*3
- 洋蔥泥 —— 500cc*4
- 大豆煮汁 —— 500cc*5
- 酸豆醬 —— 100cc

〈F〉高湯
- Karuna高湯 —— 100cc
- 本味醂 —— 100cc
- 水 —— 2ℓ

〈G〉粉狀香料
- 阿魏 —— 少量
- 小荳蔻粉 —— 20g
- 肉桂粉 —— 15g
- 當歸葉粉 —— 2大匙

〈H〉調味
- 沙拉油 —— 500cc
- 黃芥末籽 —— 50cc
- 咖哩葉 —— 100cc
- 印度產肉桂 —— 4～5根

香料油的使用材料。製作重點是讓印度產肉桂的獨特甜味、咖哩葉的清爽味和芥末籽般的香味都釋入油中。

蔬菜包括南瓜等，大量使用當季的食蔬。分別切成1～1.5cm的小丁備用。

*1 蔬菜

蔬菜依季節變化，取材時以胡蘿蔔3成、白蘿蔔3成、包心菜2成、洋蔥1成、芹菜1成的比例混合，分別切成1～1.5cm的小丁。

*2 海帶乾香菇醬

● 材料
水 ——— 800cc
海帶 ——— 40g
乾香菇 ——— 30g
● 作法
在鋼盆中混合所有材料，泡水約1小時，泡軟後用果汁機攪碎。

*3 蘋果醬

●作法
蘋果600g（去除果核）和水400cc，用果汁機攪碎。

*4 洋蔥醬

洋蔥切片，清炸製成洋蔥片200g和水250cc，用果汁機攪碎。

*5 大豆煮汁

該店是使用其他料理使用大豆時所產生的煮汁。

左圖是「Karuna高湯」。是香菇、海帶精華濃縮5倍的液態萬用高湯。該店是向名古屋的食材業者訂購。右圖是「當歸葉粉」。當歸是類似芹菜風味的漢方香草，從醫食同源的觀點來看，對促進血液循環、婦人病皆有助益。

作法

烹調

1　在平底鍋中放入〈A〉香料油的材料，加熱。芥末籽變黑後用濾網過濾，製作香料油 。加熱的基準是用大火加熱3分30秒，再用中火加熱6分鐘。

2　在大鍋裡放入2的油，放入〈B〉蔬菜的青辣椒拌炒。泡沫變少後，放入〈B〉的南瓜以外的蔬菜拌炒到變軟。用大火約加熱10分鐘，再用中火約加熱10分鐘 。

3　放入〈C〉的大蒜、生薑和鹽，混合拌炒整體 。放入番茄泥，再用中火拌炒20～30分鐘。

接續下頁 ➡

4 蔬菜的水分確實釋出後 ，放入〈D〉的香料粉，用中火約拌炒3分鐘直到散出香味 。

5 放入〈E〉所有的鮮味醬。一面攪拌混合，一面用中火約煮10分鐘 。

6 放入〈B〉剩餘的南瓜和〈F〉的高湯，一面不時攪拌混合，一面用中火約煮10分鐘 。

7 放入〈G〉的香料粉融合整體。

8 在步驟6～7之間，在平底鍋中放入〈H〉的調味材料，用中火加熱 。

9 待8的泡沫變少，芥末籽變色後 ，直接放入7的鍋裡約煮5分鐘即完成 。

提供

據每張點單在容器中盛入飯，淋上咖哩。再裝飾上番茄、玉米、大豆和芫荽提供。

● 酸乳酪烤雞

作法見下頁 ➡

● 酸乳酪烤雞

930日圓（含稅）

雞肉使用帶骨肉，不瀝除醃漬液，直接放入烤箱烘烤的獨特風味。雞肉烤好後變得豐潤多汁，醬汁中也滲入雞肉的鮮味。因大量使用辣椒粉和瑪薩拉綜合香料，雞肉中也充滿香料的濃郁香味和刺激的辣味。擠入檸檬汁能夠更誘人食慾。

材料（5人份）

帶骨雞腿肉 —— 1kg

〈醃漬液〉

- 鹽 —— 1.5大匙
- 雞高湯（用雞骨熬煮的高湯）—— 200cc
- 原味優格 —— 120g
- 蒜泥 —— 3大匙
- 薑泥 —— 1大匙
- 芒果酸甜調味醬 —— 6大匙
- 番茄醬 —— 5大匙
- 檸檬汁 —— 2大匙

〈香料粉〉

- 瑪薩拉綜合香料 —— 2大匙
- 紅椒粉 —— 1大匙
- 芫荽 —— 1/2大匙
- 孜然 —— 1/2大匙
- 小荳蔻 —— 1/2大匙
- 薑黃 —— 1/2大匙
- 辣椒粉 —— 1大匙
- 肉豆蔻 —— 少量

蒜油 —— 50cc

使用能吃到食材鮮味的日本產帶骨雞肉。要留意選用和醃漬液組合後能呈現不亞於香料的濃郁風味的素材。

混合香料的基本元素「香、色、辣」。辣椒粉有提升免疫力，芫荽有排毒等的作用。

作法

1　帶骨雞腿肉沿骨頭劃切口，攤開肉分切2等份。

2　將〈醃漬液〉和〈香料粉〉的材料全放入鋼盆中，充分混合備用。

3　在2中放入1混合，讓雞肉整體都浸沾到醃漬液 a。

4　放入冷藏庫靜置2小時以上備用。

5　烤箱預熱至250℃。在鐵盤上連同醃漬液放上4，淋上蒜油 b，烘烤
25分鐘 c。烤好後的雞肉取2塊盛入盤中，佐配沙拉後提供。

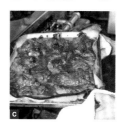

菜色豐富的午餐菜單

看板菜單中，以「香食樂咖哩／鮮甜柴魚高湯」為
主，最大程度活用藥膳營養的咖哩一應俱全。該店
還推薦種類豐富的炸蔬菜等配菜。

香料麻油（左）是生薑和陳皮等香料混合而成。香
食樂油（右）混合多種辣椒製成，辣味令人齒頰留
香。是能提振身體活力的餐桌調味料。

店長
加藤 理先生

曾師事咖哩店先驅的咖哩屋
「Yamu咖哩」的業主植竹
大介先生。2011年，和植竹
先生一起在大阪谷町開設
「Kyuuyamutei」，擔任店長一職。
2015年開設第2號店，擔任該店
的店長。

用心使用香料，追求新味。
推出每日更新、富魅力的咖哩

舊 yamu 邸 中之島洋館

大阪・中之島

「舊yamu邸（Kyuuyamutei）」是超人氣的香料
咖哩店。目前已開設第3家分店，各有不同的
主題。本店是與下町商店街融合具懷舊氛圍的
商家，提供咖哩與家常菜組合成的套餐。2015
年4月開幕的最新店「舊yamu鐵道」，設於直接
連結JR大阪車站的大型商業設施「Lucua 1100」
內。該店採獨特的點餐方式，在每月更新的4種
咖哩中，可任選2種組合，而且還能一面添加咖
哩湯，一面享用。

懷舊風大樓經重新翻修，位於外觀莊嚴大樓
內的「中之島洋館」，採用符合店內氣氛的西式
餐具，並準備2種每天更新的絞肉咖哩。顧客能
享受到絞肉咖哩與滑順的咖哩糊（只用香料，
無辣味的yamu咖哩、濃郁、辣味重的黑咖哩，
以及濃郁香料味的泰式咖哩）的組合。製作絞

肉咖哩的重點是加熱香料。一面留意原狀香料
勿炒焦，一面用大火一口氣炒出香味；粉狀香
料則是用小火慢慢焙炒的感覺來加熱。主廚以
仔細處理過的嚴選香料，完成「舊yamu邸」讓
人大排長龍的美味。

地址／大阪府大阪市北区中之島3-6-32ダイビル本館2階　電話／06-6136-6600　營業時間／11：15～14：00（L.O.）18：00～22：00（L.O.21：00）
週六晚上至21：00（L.O.20：00）　例休日／週日、節日　規模／41坪・62席　客單價／午1000日圓　晚1200日圓

● 親子咖哩

這是主廚以親子丼為藍本，用2種咖哩試作完成的料理。在泰國茉莉香米上，淋上散發鰍仔魚芳香、富魅力的「鰍仔魚雞肉咖哩」，以及考慮與雞絞肉維持平衡、味道柔和的「蛋咖哩」，另外還配上自製的醃漬菜、番茄等。

※「鰍仔魚雞肉咖哩」的作法見P178、「蛋咖哩」見P180。

魩仔魚雞肉咖哩

用大火加熱大量的油，讓香料、蔬菜的鮮味釋入油中之後，再放入肉和魩仔魚等主材料。加優格能讓絞肉彼此融合，不僅更容易拌炒，還能添加淡淡的酸味。在約採用20種香料、散發濃厚香料味的雞絞肉中，再加入魩仔魚的苦味和香味，完成味道更豐富的和風咖哩。

材料（8人份）

油 ——— 300cc
辣椒 ——— 2根
褐芥末籽 ——— 1大匙
肉桂棒 ——— 5cm份
孜然籽 ——— 1大匙
洋蔥 ——— 1/4個
白蔥 ——— 1根
蒜芽 ——— 2根
芹菜 ——— 1/3把
薑泥 ——— 2大匙
蒜泥 ——— 1.5大匙
自製菜料（用香料拌炒洋蔥）——— 2大匙
阿魏 ——— 適量
葫蘆巴葉 ——— 1小撮
〈材料A〉
咖哩粉 ——— 2大匙
孜然 ——— 3大匙
芫荽 ——— 3大匙
丁香 ——— 1大匙
紅椒粉 ——— 1大匙
辣椒粉 ——— 1/2大匙
小荳蔻粉 ——— 2大匙
獨創混合香料（5種混合）——— 4大匙
優格 ——— 200g
料理酒 ——— 50cc
雞絞肉 ——— 1kg
鹽 ——— 1大匙
魩仔魚 ——— 50g
蔬菜汁 ——— 200cc
和風高湯 ——— 300cc
泰式魚醬 ——— 適量

作法

1　在平底鍋中倒入油，以大火加熱，加入辣椒和褐芥末籽。

2　開始發出啪滋聲後，放入肉桂棒，再發出啪滋聲後，放入孜然籽 。

3　加入切粗末的洋蔥、白蔥、大蒜芽和芹菜拌炒。

4　油和蔬菜混勻後轉小火，加薑泥、蒜泥、自製菜料和阿魏再拌炒 。

5　用手掌一面揉搓葫蘆巴葉，一面加入 。

6　放入材料A使其融合。

7　放入優格、料理酒煮沸一下 ，加雞絞肉、鹽和魩仔魚拌炒 。

8　雞肉熟透後，加蔬菜汁、和風高湯煮沸一下 ，最後加泰式魚醬。

● 蛋咖哩

這道在只用香味蔬菜和香料製作的基底中，加入打散的蛋汁製成的蛋咖哩，和味道柔和、散發香料味的雞絞肉非常對味。番茄糊一般運用在燉煮料理中，不過這次是完成階段才加入，保留少許酸味和蛋更對味。最後才加入蛋，注意勿過度加熱，保留黏稠的質感。

材料（8人份）

油 —— 150cc

孜然籽 —— 2大匙

褐芥末籽 —— 1大匙

洋蔥 —— 1/2個

蒜泥 —— 2大匙

自製材料（用香料拌炒洋蔥）—— 3大匙

番茄 —— 1個

葫蘆巴葉 —— 1小撮

芫荽 —— 3大匙

咖哩粉 —— 2大匙

優格 —— 200g

水 —— 600cc

番茄糊 —— 400cc

鹽 —— 1.5大匙

蛋 —— 8個

該店的米飯選用糙米或泰國茉莉香米。圖中是以高級香米而聞名的茉莉香米。「米飯煮好後口感輕盈，適合搭配咖哩食用」，清爽的香味也能增進食欲。

作法

1　在平底鍋中倒入油，以大火加熱，放入孜然籽、褐芥末籽。

2　散出香料香味後，放入切薄片的洋蔥、蒜泥和自製菜料拌炒 。

3　放入切丁的番茄、葫蘆巴葉、芫荽和咖哩粉融合 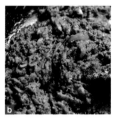。

4　放入優格、水、番茄糊和鹽煮沸一下，放入打散的蛋 。混合一下即熄火 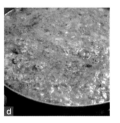。

午晚餐的多樣化咖哩

中午僅提供自選混合咖哩978日圓（含稅）。從每天更換的2種絞肉咖哩任選一種，再從定番的Yamu咖哩、黑咖哩、泰國咖哩中選1種組合。也可以是絞肉×絞肉的組合。

針對晚餐提供的定番咖哩，菜單表上標示了詳細的內容。還介紹了該店咖哩的關鍵風味的自製小荳蔻。

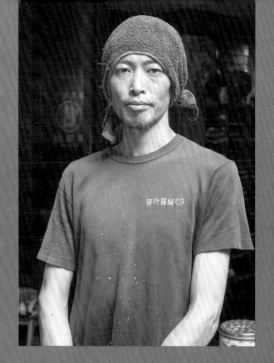

店長
伊藤弘樹先生

他一面往來於本店和位於大阪・上本町的2號店「Café婆沙羅 兔子（Usagi）堂」，一面負責所有料理的烹調。他從業主富島雄子先生那裡承接食譜，擔任全店的料理長。

10年來反覆改良食譜
終完成「熟成」的咖哩

Café 婆沙羅（ばさら） 青蛙（Kaeru）堂

大阪・西大橋

　　該店於2000年6月開幕。以一般的咖啡館型態經營，除了提供咖哩外，還有蛋包飯等料理。當初該店並沒有把重心特別放在咖哩，但有一次推出存放熟成多天的咖哩，沒想到它的美味卻成為話題。因為該店的常客中有藝人，透過他在媒體上的介紹，使得這道料理頓時成為著名的咖哩。

　　「當時的咖哩作法雖然和現在沒有很大的差異，不過我沒仔細計算就製作，所以還沒有明確的風格」業主富島雄子先生表示。他對於該店長期熱銷的咖哩擁有堅定的自信，因為材料的配方等他都經過不斷嘗試、改良才完成。最後摸索出混合大量的飴色洋蔥、事前經過仔細處理的肉和蔬菜，整整燉煮4天＝相當於100個小時，才完成想呈現的風格。他雖然滿意味

道，不過還是繼續改良，他表示「味道保持濃厚風味，但我把黏稠的咖哩糊改良成接近湯式咖哩的滑順爽口狀態」。富島認可的咖哩形態，在著手進行改良的10年後才完成。辛苦製作完成的熟成咖哩味道甜中帶苦又濃郁，吃起來清爽不厚重，有不少老顧客在早上就點來享用。

地址／大阪府大阪市西區北堀江2-2-24　電話／06-6532-7157　營業時間／7：30～22：00
例休日／無休　規模／24坪・40席　客單價／1000日圓

婆沙羅咖哩餐

850日圓（含稅）

這道料理共計花4天時間製作，一天靜置、一天加熱，兩項作業輪流進行2次。幾近黑色的褐色咖哩糊，外觀看起非常濃郁，不過甜味、酸味和苦味完美平衡，不會讓人覺厚重。咖哩是全品＋100日圓，還附有萵苣胡蘿蔔沙、裝飾香蕉和蜂蜜的優格及切片柳橙。單品是750日圓。

作法見下頁 ➡

● 婆沙羅咖哩餐

材料（1次的烹調量）

洋蔥 —— 10kg

高湯 —— 30 ℓ *1

蔬菜糊 —— 3kg*2

事前處理好的肉 —— 1.5kg*3

濃味醬油 —— 500cc

味醂 —— 500cc

豬排醬汁 —— 300cc

番茄醬 —— 300cc

水果酸甜醬 —— 450g

獨創綜合香料 —— 適量*4

完成的咖哩 —— 適量

咖哩中使用的洋蔥產於淡路島。該店表示「若不用味甜、柔軟、水分多的這種洋蔥，就煮不出婆婆羅的味道」。

*1 高湯

●材料（1次的烹調量）

水 —— 40 ℓ

月桂葉 —— 10片

洋蔥 —— 2個

牛筋肉 —— 500g

清燉肉湯 —— 適量

●作法

1　在桶鍋中放入水和月桂葉加熱。

2　煮沸後加洋蔥、牛筋肉和清燉高湯燉煮1小時。

*2 蔬菜糊

●材料（1次的烹調量）

奶油 —— 適量

胡蘿蔔 —— 1.5kg

大蒜 —— 500g

薑泥 —— 200g

水 —— 適量

●作法

1　在平底鍋中放入奶油、胡蘿蔔、大蒜和生薑拌炒。待變軟後加入能蓋過材料的水，煮到水分收乾。

2　稍微變涼後，用果汁機攪打成糊狀。

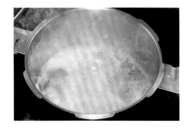

*3 事前處理好的肉

●材料（1次的烹調量）

奶油 ── 適量

麻油 ── 適量

大蒜（切片） ── 適量

和牛五花肉（切塊） ── 1.5kg

鹽、胡椒 ── 適量

●作法

在鍋裡加熱奶油和麻油，拌炒大蒜和牛五花肉，加鹽和胡椒。

*4 獨創綜合香料

●使用香料

薑黃／孜然／羅勒

黑胡椒／卡宴辣椒粉

肉豆蔻／瑪薩拉綜合香料／芫荽

獨創香料是事前將一次烹調使用量分裝成袋。咖哩的定番香料中，以羅勒、肉豆蔻等來添加清爽風味。

作法

烹調

1　洋蔥切薄片，放入平底鍋中拌炒 **a**。約花4小時，拌炒到呈深褐色為止 **b**。

2　在桶鍋中放入高湯、1的洋蔥、蔬菜糊和事前處理好的肉，煮到水分蒸發至桶鍋的一半高度。

3　濃味醬油、味醂、豬排醬汁、番茄醬、水果酸甜醬、獨創綜合香料後充分混拌，再加入完成的咖哩 **c**。再熬煮後靜置一晚。

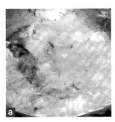

熟成

4　隔天煮沸。

5　再隔天靜置一整天。

6　第三天再煮沸。

7　第4天將完成的咖哩倒入小鍋中加熱，讓表面泛出光澤。

提供

8　收到點單，使用杏仁形的餐盤盛飯，撒上巴西里，再淋上咖哩 **d**。

● 滷肉起司咖哩

950日圓（含稅）

樸素的婆沙羅咖哩裝飾上滷肉和起司。滷肉用醬油底的醃漬醬汁再續煮到入口即化般軟爛。包括有荷包蛋的月見咖哩、淋上熱融起司的起司咖哩、豬排咖哩、炸蝦咖哩、炸蔬菜咖哩等，在該店豐富多彩的咖哩中，這道是最具人氣的咖哩。

材料（1人份）

米飯 —— 適量

滷肉 —— 適量*1

熱融起司 —— 1片

婆沙羅咖哩 —— 適量（參照P184）

***1 滷肉**

●材料（1次的烹調量）

豬五花肉 —— 6kg

大蒜 —— 10瓣

生薑 —— 和大蒜等量

月桂葉 —— 3片

洋蔥 —— 2個

自製醬油醬汁 —— 適量

●作法

1　在壓力鍋中放入醬油醬汁以外的所有材料，加壓煮30～40分鐘。

2　加自製醬油醬汁燉煮15分鐘，熄火靜置1小時備用。

作法

1　使用杏仁形的餐盤盛飯，放上用自製醬汁調味的切片滷肉 **a**。

2　滷肉上放上熱融起司，用噴槍燒烤 **b**，再倒入咖哩。

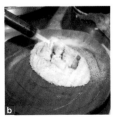

● 石燒起司 雜炊咖哩

1000日圓（含稅）

殘留在咖哩鍋裡的殘漬通稱為「咖哩漬」，這道料理是將咖哩漬和柴魚、海帶煮製的高湯，以1比1的比例混合。熬煮變濃稠的婆沙羅咖哩糊，用和風高湯稀釋後，口感變得高雅、柔和。此外，運用咖哩漬製作的變化料理，還有提供咖哩拉麵。

材料

咖哩漬 —— 適量*1

和風高湯
（柴魚海帶的混合高湯）—— 適量

米飯 —— 適量

熱融起司 —— 1片

蛋 —— 1個

白蔥 —— 適量

作法

1　在石鍋中放入等量的咖哩漬和和風高湯，再放入米飯和熱融起司，在中央打入蛋後，加熱。

2　煮沸一下後熄火，裝飾上白蔥。

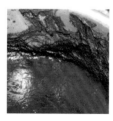

*1 咖哩漬

事先大量煮好的咖哩，收到點單後立刻盛入可加熱的鍋裡備用。用完的話再補充，經過這樣反覆不斷作業，鍋邊都黏附了咖哩，這就稱為「咖哩漬」。

店主
本木郁穗先生
（後排最右）

元木郁穗先生從不同領域的資訊系統工程師轉行，接手父親經營的「Pusan」。將父親燉煮蔬菜製作的咖哩風味加以改良，打造成今日的咖哩名店。該店不管早晚都座無虛席，他與支持該店的員工們一起工作。

考量常客健康不斷改良進化
富含蔬菜的香料咖哩的滋味

印度風咖哩專賣店 Pusan

東京 · 武藏小金井

Pusan 於 1980 年創設，是咖哩界無人不知、無人不曉的人氣知名店。提到「Pusan」，許多粉絲客對他們的料理形容是，咖哩醬汁中放滿五顏六色、色澤鮮麗的蔬菜。第二代老闆本木郁穗先生表示「我希望也能顧及熱情捧場的顧客們的營養」，他完全不用油，儘量去除油脂，經過不斷嘗試，終於改良成散發香料的清爽味和具有豐富的蔬菜，極富魅力且更健康、更有益身體的咖哩。

裝飾的蔬菜雖然很吸晴，不過作為基底的咖哩醬汁裡，也有用胡蘿蔔、包心菜、白菜、綠豆芽、蘿蔔乾、海帶、乾香菇等大量蔬菜。在蔬菜的甜味和乾物的鮮味中，加入也當作中藥材的原狀香料的風味及口感，終於完成這樣的美味。在不用油的原則下，原狀香料也不經過焙炒，只靠著燉煮來呈現風味，所以辣味也很清爽。每逢週末，該店是還未開門前就已大排長龍的人氣店，不過主廚卻認為味道還未臻完善，仍在探索「是否能夠更美味」。他不斷改良進步的態度，牢牢抓住顧客的心。

地址／東京都小金井市前原町3-40-27　TEL／042-384-7055　營業時間／週三〜日11：00〜15：00（L.O.）17：30 21：00（L.O.）
週一17：30〜21：00（L.O.）週一遇節日僅供應午餐　例休日／週二（遇節日營業）　規模／約31坪・22席　客單價／1500日圓

● 蔬菜咖哩（一般量）

1350日圓（含稅）

這道是「Pusan」的看板料理。以蔬菜、香料燉煮製作的獨特咖哩醬汁中，混入水煮蔬菜，再搭配清炸蔬菜。最初搭配的蔬菜只有5種，但為了滿足顧客「想吃蔬菜」的要求，從7種→15種→20種不斷地增加。在雞肉、牛肉、豬肉、海鮮等的咖哩中，只搭配這些的蔬菜就成為豪華的咖哩。

牛肉咖哩（一般量）

1450日圓（含稅）

清爽的咖哩醬汁中加入動物性濃郁風味的肉類咖哩，也深受顧客的歡迎。有牛肉、豬肉和雞肉3種口味。牛肉咖哩是在咖哩醬汁中，混入用肉豆蔻、醬油煮軟的牛肉製成。若用咖哩醬汁燉肉，肉質會變硬。牛肉要燉煮至入口即軟爛的程度才美味。

什錦海鮮咖哩
（少量）

1400日圓（含稅）

這道咖哩的菜材有干貝、蛤仔和蝦。海鮮過度加熱肉質會變硬，所以這裡是和蘑菇一起用奶油稍微香煎後，再和咖哩醬汁混合。該店的咖哩加上米飯的分量，提供一般量（150g）、少量（100g）和大分量（200g）3種。

● 咖哩醬汁的烹調法

這裡介紹的「Pusan」咖哩醬汁，會用在該店所有的咖哩料理中。在前一天大約製作200客份，以備隔天供應。用3個桶鍋分別烹調，以其中的一個鍋來調整2個鍋的辣味即完成。

前一天的烹調流程

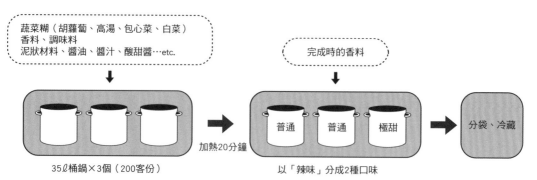

蔬菜糊（胡蘿蔔、高湯、包心菜、白菜）
香料、調味料
泥狀材料、醬油、醬汁、酸甜醬…etc.

完成時的香料

普通　普通　極甜

分袋、冷藏

35ℓ桶鍋×3個（200客份）

加熱20分鐘

以「辣味」分成2種口味

材料

〈蔬菜糊〉

A胡蘿蔔（去皮後切大塊）、水

B綠豆芽、蘿蔔乾條、海帶絲、乾香菇、水

C包心菜、白菜（切大塊）、水

〈香料・調味料類〉

孜然籽

葫蘆巴籽

丁香（原狀）

芥末籽

濃味醬油

伍斯特辣醬油

水果酸甜醬

水

〈泥狀材料〉

D薑泥　芝麻粉　柴魚　水

E蒜片　蒜泥　肉桂粉　水

F鳳梨罐頭　水

〈完成香料〉

咖哩粉

芫荽粉

辣椒粉

水

鹽

卡宴辣椒粉（原狀）

在〈蔬菜泥〉中使用綠豆芽、蘿蔔乾條、海帶絲和乾香菇。在大量的綠豆芽中，加入成為鮮味元素的乾貨。

作法

1　製作蔬菜糊。在壓力鍋中分別放入A、B、C三種材料，倒入規定量的水，加蓋以大火加熱加壓 。壓力釋出後轉小火，煮15分鐘即熄火，直接自然放涼。

2　將〈香料‧調味料類〉的材料，等分放入3個桶鍋中 。

3　在2的桶鍋中，加入濃味醬油、伍斯特辣醬油、水果酸甜醬和水 。

4　將〈泥狀〉的材料D、E、F，分別放入果汁機中攪打變細滑，加入3的桶鍋中，整體充分混合後加熱 。

5　放涼後，在果汁機中分別放入1的蔬菜A、B、C攪打，加入4的桶鍋中 。

6　約煮20分鐘，煮沸後仔細撈除浮沫雜質 ，暫時熄火。

memo

▼該店的基底香料是孜然籽、葫蘆巴籽、丁香和芥末籽。慢慢地加熱，靜置一天，讓味道充分散出。因此，不用油拌炒。

▼醬汁中只有用柴魚這種動物性材料。分量雖少，但能使味道變濃郁。此外肉桂讓醬汁增加甜味和香味。鳳梨是連罐頭汁一起使用，以增加水果的清爽甜味和酸味。

接續下頁 ➡

7　在3個烹調好的桶鍋中，一個是製成「極甜」的辣味咖哩醬汁。在果汁機中放入咖哩粉、芫荽粉和辣椒粉，加水充分攪拌後，加入6的鍋中的一個。

8　另外2個桶鍋是完成「普通」辣味的咖哩醬汁。在果汁機中放入咖哩粉、芫荽粉、辣椒粉和卡宴辣椒粉，加水充分攪拌後，加入6的鍋中的兩個鍋裡 。

9　將7和8的鍋子分別充分混合後再加熱，加鹽調整味道，用小火約煮20分鐘即熄火。這樣就完成「極甜」和「普通」的咖哩醬汁 。

10　咖哩醬汁靜置一天，隔天再使用。分小份裝在厚塑膠袋中，確實密封。將塑膠袋放入盛水的水槽中讓它冷卻，再冷藏保存。一袋份約25客份 。

memo

▼分袋盛裝也較容易進行冷卻作業，還能有效運用冷藏庫的空間。也可以直接冷凍保存。隔天，一面視訂單狀況，一面取小袋使用。

辣味分5等級

該店的咖哩辣味分成1～5共5個等級。咖哩醬汁的「極甜」是第1等級、「普通」是第3等級。辣味2是混合「極甜」和「普通」製成。辣味4和5是在「普通」中再加辣椒粉來增強辣味。

當日 · 營業前的準備

前一天分裝成小份的咖哩醬汁倒入鍋裡加熱，
作為菜料的3種肉類和蔬菜配菜是當天準備營業所需量。
按部就班進行以便能有效率地供應咖哩。

準備醬汁

將2種分成小份的醬汁分別倒入鍋裡，在營業前加熱備用。前面是「普通」、後面是「極甜」。

準備肉

分別加熱作為咖哩菜料的雞肉、牛肉和豬肉。用咖哩醬汁燉煮肉，肉質會變硬，所以肉類是另外用壓力鍋燉煮變軟。一面視肉類的庫存情形，一面在營業的空檔準備。

雞肉
為了使雞肉更鮮美、濃郁，也使用帶骨肉。用水、醬油和薑黃粉燉煮。

牛肉
使用牛腹肉。用水、醬油和肉豆蔻粉燉煮。

豬肉
是用前腿和大腿肉。用水、醬油和大蒜燉煮。

準備蔬菜

蔬菜咖哩中，準備基本的約5種和配菜用的20多種。基本的5種蔬菜是加熱咖哩醬汁時一起加入。

基本的蔬菜
洋蔥、包心菜、胡蘿蔔、菠菜、秋葵切好後水煮備用。主要是使用不適合清炸的蔬菜。

蔬菜配菜
清炸後做的蔬菜配菜分開切好，分別排放在架上備用。馬鈴薯、紅薯等不易熟透的先汆燙備用。不只開店前，營業時也一面注意庫存，一面補充。事先將每一客份的蔬菜組合好。配菜用的蔬菜還備有水煮毛豆、淡味煮蒟蒻和馬鈴薯泥等。

準備米飯

一次炊煮3升的分量。從農家直接購買岩手縣產的米。煮好後放入保溫器中備用。

提供

蔬菜咖哩的情況

1 收到訂單後，將1人份的咖哩醬汁放入平底鍋中加熱 。依所需辣味混合醬汁。同時配合點單所需的米飯（少量100g、一般量150g、大分量200g）盛好備用。

2 將基本蔬菜加入已加熱的咖哩醬汁中使其融合 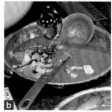。

3 清炸蔬菜配菜。一口氣將蔬菜放入經高溫加熱的白絞油中，炸至變色後立刻取出，確實瀝除油分。

4 在米飯旁盛入2的咖哩，再豐盛地放入清炸好的蔬菜、水煮毛豆、蒟蒻和番茄等，送至客席。收到點單後約1分半鐘供應上桌。

餐後飲料和冰淇淋

在店內用餐的客人，餐後可享用飲料或冰淇淋。飲料除了有芒果奶昔外，還有咖啡和果汁等可供選擇。手工冰淇淋每天更新不同的口味，另有酪梨、抹茶紅豆、咖哩香蕉等多種口味，讓老顧客享用。圖中是芒果奶昔（追加一份250日圓）、草莓冰淇淋（追加一份300日圓）。

依食材和料理類型分類的目錄

本書刊載的料理依主要使用食材歸納如下。
尋找所需的食譜時請多加利用。

壺燒馬來西亞咖哩

材料（7～8人份）

沙拉油 …… 50g
大蒜（切末）…… 15g
生薑（切末）…… 15g
洋蔥（切末）…… 500g

〈A〉
- 咖哩粉 …… 30g
- 薑黃 …… 15g
- 孜然 …… 15g
- 五香粉 …… 10g
- 泰式鹽漬蝦醬 …… 10g

〈B〉
- 奶油 …… 100g
- 印度莎莎醬 …… 125g*
- 椰奶 …… 600g
- 番茄罐頭（切丁）…… 400g
- 上白糖 …… 50g
- 泰式魚醬 …… 15g
- 雞湯 …… 15g
- 水 …… 15g

米飯（泰國米）…… 適量
蔬菜配菜（清炸）…… 各適量

作法

①製作咖哩醬汁。在鍋裡加熱沙拉油，放入大蒜、生薑和洋蔥，用小火拌炒。洋蔥開始變色後，加入A的香料類拌炒。散出香味後，依序加入B的材料，用小火約煮1小時。

②炊煮泰國米準備米飯。蔬菜切成易食用大小，用加熱至180℃的油清炸，再瀝除油分。

③在耐熱容器中盛入1人份的飯，放上清炸蔬菜，淋上1的咖哩醬汁，放入預熱至180℃的烤箱中約烤5分鐘。

＊印度莎莎醬
- 莎莎醬 …… 450g
- 瑪薩拉綜合香料 …… 5g
- 大蒜 …… 10g
- 紅洋蔥 …… 50g
- 紅辣椒 …… 10g

●混合所有材料，用果汁機攪打變細滑後放入鍋中，用小火煮10分鐘。涼了之後放入保存容器中，放入冷藏庫保存。

> 本書中特別公開咖哩配方

魔法般的美味
東方 × 小酒館

池袋「Agalico」傳授
新感覺的異國風夜吧料理

■ 大林芳彰著　　■ 210mm×257mm・112頁
■ 定價1,500日圓＋稅

在東京池袋人氣第一的夜吧「Agalico」，以「東方風味酒館」登場，該店儘管提供亞洲料理，但外觀和味道卻別具一格；雖然是西式夜吧和小酒館的料理，但卻使用泰式魚醬、芫荽等亞洲食材……在這本書中，將充滿東方魅力的Agalico人氣料理及私房菜，整編為食譜以便於製作。喜好亞洲料理、想挑戰夜吧料理，或想成為專業廚師的人，透過本書除了能體驗「東方小酒館」的樂趣與美味外，還能磨練對料理的全新感受與敏銳度。

● 鮮美的獨創調味料

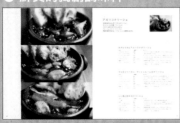

「Agalico」的調味重點是亞洲×西洋風×和風三者達到絕妙平衡。為了實現這樣的均衡美味，本書中公開了店內使用的獨創醬汁＆香料。若使用這些調味料，任何料理都能迅速變化出東方風味，而且調味不失敗。

● 也有使用人氣咖哩罐頭的食譜

本書食譜的構成，分成「下酒菜」、「湯品＆沙拉」、「肉料理＆魚料理」、「米飯＆麵」等項目。其中還收錄可用在宴會派對作為「季節宴客菜」的四季東方料理。另外，還有使用現在蔚為話題的Inaba公司的「泰國咖哩系列」罐頭所製作的簡單罐頭料理。是能因應各種情況，用途廣泛的食譜集。

作者／大林芳彰　Yoshiaki Obayashi

經歷Global-Dining食品公司經營的「Monsoon Cafe」的料理長等職後，他以聚集「亞洲美味」的概念，在池袋西口盡頭開設了「Agalico」。該店共18坪、有38座席，每月營業額高達1300萬日圓。他一面開設分店，一面每年在國內各處品嚐350店、海外20國以上的料理，以累積料理的創意，再陸續反映在「Agalico」料理中。其著越的商品開發力備受矚目，也擔任許多外食企業的料理指導。

TITLE

名店主廚 咖哩料理教科書

STAFF

出版	瑞昇文化事業股份有限公司
編著	永瀬正人
譯者	沙子芳

總編輯	郭湘齡
責任編輯	黃思婷
文字編輯	黃美玉　莊薇熙
美術編輯	朱哲宏
排版	執筆者設計工作室
製版	昇昇製版股份有限公司
印刷	皇甫彩藝印刷股份有限公司

法律顧問	經兆國際法律事務所　黃沛聲律師

戶名	瑞昇文化事業股份有限公司
劃撥帳號	19598343
地址	新北市中和區景平路464巷2弄1-4號
電話	(02)2945-3191
傳真	(02)2945-3190
網址	www.rising-books.com.tw
Mail	resing@ms34.hinet.net

初版日期	2016年12月
定價	450元

ORIGINAL JAPANESE EDITION STAFF

デザイン	武藤一将デザイン室
取材・文	駒井 麻子　岡本ひとみ　西 倫世　大畑加代子
	㈱Green Create（滝口智子　古川 音　伊能すみ子）
撮影	キミヒロ　野辺竜馬　川井裕一郎　東谷幸一　難波純子
	後藤弘行・曽我 浩一郎（旭屋出版）
編集	雨宮 響　齋藤明子

國家圖書館出版品預行編目資料

名店主廚咖哩料理教科書 / 永瀬正編著；沙子芳譯.
-- 初版. -- 新北市：瑞昇文化, 2016.12
200 面；18.2 × 25.7 公分
ISBN 978-986-401-137-7(平裝)

1.食譜

427.1　　　　　　　　　　105021093